物联网智能终端设计及工程实例

郑宇平 朱伟华 信 众 编著

化学工业出版社
·北京·

图书在版编目（CIP）数据

物联网智能终端设计及工程实例/郑宇平，朱伟华，
信众编著. —北京：化学工业出版社，2018.11（2022.1重印）
ISBN 978-7-122-32953-0

Ⅰ.①物⋯　Ⅱ.①郑⋯　②朱⋯　③信⋯　Ⅲ.①互联网
络-应用-智能终端-研究　Ⅳ.①TP334.1

中国版本图书馆 CIP 数据核字（2018）第 200911 号

责任编辑：刘丽宏　　　　　　　　　　　　文字编辑：陈　喆
责任校对：王　静　　　　　　　　　　　　装帧设计：刘丽华

出版发行：化学工业出版社（北京市东城区青年湖南街 13 号　邮政编码 100011）
印　　装：涿州市般润文化传播有限公司
787mm×1092mm　1/16　印张 14½　字数 365 千字　2022 年 1 月北京第 1 版第 4 次印刷

购书咨询：010-64518888　　售后服务：010-64518899
网　　址：http://www.cip.com.cn
凡购买本书，如有缺损质量问题，本社销售中心负责调换。

定　　价：49.80 元

前　言

　　在物联网技术广泛应用的背景下，智能电子产品基本上都是作为网络终端设备而存在，而对于智能终端相关从业人员的需求则不仅体现在数量上，对能力素质也提出了更高的标准。创造性、适应性的人才培养是新型产业发展和转型升级的要求，也是职业院校的教育新方向。为此我们开发了电子信息创新实训教育平台，并结合高职教育的特点及电子类相关专业的建设实际，开发了本书。

　　本书结合作者丰富的电子产品研发经验和多年来讲授单片机和电子技术的教学心得，在内容选取上，以目前物联网中广泛应用的融合 ZigBee 技术的 SOC 单片机 CC2530 为核心，结合电子技术、电子设备装调技术、C 语言程序设计技术，软件和硬件结合，培养电子信息类相关产业亟需的智能终端设备生产调试、安装检修和开发设计的创新型技能人才。本书可作为各类职业院校、应用型本科院校、培训机构的单片机应用课程教材，也可作为相关技术人员、电子发烧友的参考用书。

　　本书主要有以下特点：

　　(1) 以能力为本位。按照企业电子产品生产、装调和研发等岗位的技能要求组织知识构成。从硬件到软、硬件结合，从元器件识别检测、焊接调试技术到软件开发设计，各学科知识融会贯通，单片机技术、电子应用技术和 C 语言开发技术等各课程知识相结合，符合电子产品从业人员的学习规律和认知要求。

　　(2) 任务驱动。基于智能终端开发过程中的典型任务进行教学单元设计，学生通过任务描述了解学习要求；按照计划和实施步骤，自行组织相关知识点的学习、了解任务资讯，最后完成每个学习任务；任务拓展加深学生知识掌握的程度和深度；任务评估为教师和学生提供任务考核依据和学习目标。

　　(3) 理实结合。本书作为一本理实一体化教材，书中的每个学习任务都有实际的开发项目作为实践载体，学生按照计划和实施步骤完成任务资讯的学习和任务实施。开发项目无封装，实现学生与电子信息技术的"零距离"接触，项目设计灵活，给予学生更高的自由度和自主性，激发学生的创新创造意识，为教师提供了更大的教学自由度，使课程可以按照学生能力实现层级设计、分类考核。

　　(4) 为电子创新制作，DIY 设计提供完整的解决方案。书中提供智能控制的完整解决方案，为电子发烧友 DIY 设计提供软、硬件基础。

　　(5) 配套完整的相关学习资源。为书中每一个开发项目提供完整的硬件方案，包括原理图、版图和原料清单，也可为每个项目提供套件，使教学实践环节"成本"最小化。提供所有开发项目的源代码文件。

本书由吉林电子信息职业技术学院教师编著，其中郑宇平编写项目七～项目九，朱伟华编写项目一～项目三，信众编写项目四～项目六。同时常兆盛、王瑰琦、王侃、王云鹤和陈静老师为本书编写提供大量支持和帮助。

由于编著者水平有限，书中不足之处在所难免，敬请同行和读者指正。

编著者

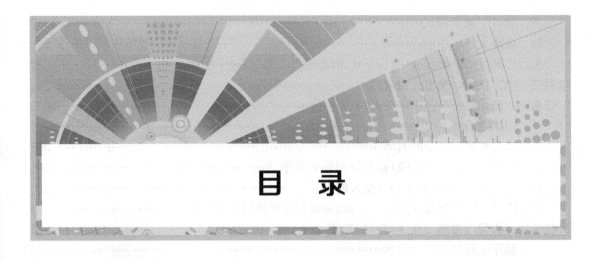

目　录

项目一　电子电路技能训练

【项目概述】

　　智能终端产品的开发与设计，要求从业人员具备软硬件结合的综合技能素质。本项目着重培养训练学生硬件电路的基本技能，一共包括两个任务，任务一用来学习电子电路中元件识别与检测技术。任务二用来学习电子电路制作和检测技术。通过这两个任务的学习，使学生掌握电子电路制作和检测的基本技能，熟悉相关工具仪器的使用，为后续的学习提供最基本的理论基础和操作技能。

【项目目标】

　　知识目标

　　1. 掌握电源供电基本知识。

　　2. 掌握常用电子元器件的应用原理。

　　3. 掌握电子元器件的测量和识别技术。

　　4. 掌握电子元器件的选用技术。

　　5. 掌握电子电路焊接技术。

　　6. 掌握电路的测量和调试技术。

　　技能目标

　　1. 能够熟练应用数字万用表进行电子元件检测和识别。

　　2. 能够使用各种操作工具完成电路制作。

　　3. 能够正确使用焊接设备完成电路焊接。

　　素质目标

　　1. 具备开阔、灵活的思维能力。

　　2. 具备积极、主动的探索精神。

　　3. 具备严谨、细致的工作态度。

任务一　元件识别与检测

　　日常生活、工业企业中都离不开电子电路，而由金属导线和电气、电子元件组成的导电回路，称其为电路。直流电通过的电路称为"直流电路"；交流电通过的电路称为"交流电路"。从电路的定义中我们可以知道，构成电路最重要的两大元素是"供电"和"元件"。首先，让我们了解一些常用的电子元件。

一、电源

【任务描述】

电源为电子电气设备提供电能，是整个电回路的"动力之源"。供电质量直接决定电子电气设备的使用寿命和稳定性，在电子电气安装、检修和调试时，首先应保证电源供电正确无误。

【计划与实施】

完成电源任务书，见表 1-1。

表 1-1 电源任务书

1. 我国电网供电标准： 交流电压 ___ V 允许偏差 ___ 频率 ___ Hz 允许偏差 ___
2. 低压供电"三相五线制"中，"三相"指：___ "五线"指：___
3. 家用电器一般采用单相、相电压供电，相额定电压值为：___ 线额定电压值为：___
4. 直流电源类型分为：___ 手机充电器电源类型为：___

【任务资讯】

电子电路供电一般可分为交流供电和直流供电。

1. 交流供电（Alternating Current，AC）

我国的供电（配电）系统主要包括两大电网：中国国家电网和中国南方电网。由国家电力公司下发在电力系统中执行的《电业安全工作规程》中规定：对地电压在 1kV 以下时称为"低压"，对地电压在 1kV 及以上时称为"高压"，但实际上低压电这个概念是相对而言的，低压电和高压电之间没有绝对的界限，根据实际情况划分。

习惯上所说 220/380V 是低压，高于这个电压都是高压。我国民电同欧洲供电标准一样，为 220V 单相供电，电压允许偏差为 +7%、-10%；额定电压频率为 50Hz，系统允许的频率偏差为 ±0.5Hz。而日本供电标准为 110V，60Hz。

我国低压供电一般采用的 TN-S 系统：保护线与中性线分开。低压供电一直使用三相四线制，再配上一根地线就称为"三相五线制"。

如图 1-1（a）TN-S 系统所示，有三条火线（A、B、C），一条零线（N，又称中性线），一条保护接地线（PE，又称地线）。家用电气设备一般采用图中单相的供电方式，电源分别接火线和零线，为安全起见，电器的外壳可做保护性接地（PE）。民用电一般"零地"不能混接，因为这样可能导致设备外壳带电，不安全。

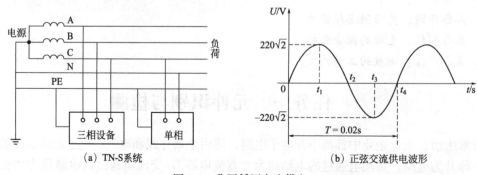

（a）TN-S系统　　　　　　（b）正弦交流供电波形

图 1-1 我国低压交流供电

工厂电动机工作一般采用三相供电，如"三相设备"所示接法。

低压供电波形如图 1-1（b）所示，我们通常所说的交流 220V 电压是指正弦交流电压的有效值，而电源的峰值为 $220\sqrt{2}$ V（311V），周期 $T=0.02s$，即频率 $f=1/T=50Hz$。交流 220V 电压为"零地"之间电压（U_{AN}、U_{BN}、U_{CN}），称为"相电压"。而火-火之间的电压（U_{AB}、U_{AC}、U_{BC}）称为线电压，电压$=220\sqrt{3}$ V$=380$V。

2. 直流供电（Direct Current, DC）

成正弦周期性交变的交流电压信号便于供电公司远距离传输，但在实际电路使用中，往往需要将交流电压转变成 24V、5V 等不同规格的电压值恒定不变的电源——直流电源。

如图 1-2 所示，我们使用的手机充电器将 AC 100～240V 电压转换成 DC 5V 电压，用于手机电池充电。

图 1-2 充电器规格

那么，手机充电器怎样将输入交流电压转换成电压很低的直流电压呢？交流电源转换成直流电一般分为两种类型：开关式稳压电源和线性稳压电源。市面上的手机充电器采用开关电源。开关电源体积小，效率高，输出功率大，缺点是结构复杂，容易对交流电网形成噪声和谐波干扰，相对使用寿命短。目前市面上的直流稳压电源一般都采用开关电源。

（1）线性稳压电源工作原理　图 1-3 所示线性稳压电源的组成及各部分的作用。

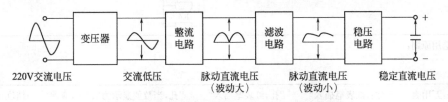

图 1-3 线性稳压电源的组成及各部分的作用

交流 220V 电压首先通过变压器转换成低压交流信号，然后通过整流电路和滤波电路将交流信号转换成脉动直流信号（即电压极性一样，但电压值时大时小，变化幅度很大），最后经过精密稳压电路，输出额定直流电压信号。

（2）开关式稳压电源工作原理　开关式稳压电源主要分为调频式和调宽式两种，图 1-4 所示为调宽式开关稳压电源的基本原理示意图。对于单极性矩形脉冲来说，其直流平均电压 U_o 取决于矩形脉冲的宽度，脉冲越宽，其直流平均电压值就越高。直流平均电压 U_o 可由公式计算：

$$U_o=U_m \times T_1/T \tag{1-1}$$

式中　U_m——矩形脉冲最大电压值；

T——矩形脉冲周期；

T_1——矩形脉冲宽度。

从式（1-1）可以看出，当 U_m 与 T 不变时，直流平均电压 U_o 将与脉冲宽度 T_1 成正比。这样，只要我们设法使脉冲宽度随稳压电源输出电压的增高而变窄，就可以达到稳定电压的目的。

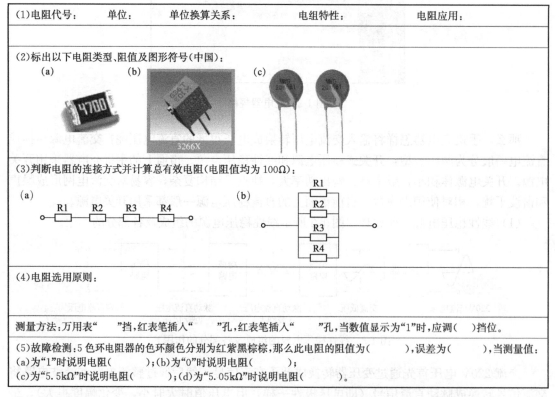

图 1-4　调宽式开关稳压电源的基本原理示意图

二、电阻元件的识别与检测

【任务描述】

电阻器是电路中最常见的电子元件，简称电阻，在一个电路中往往同时使用多个电阻。掌握电阻元件的选型及检测方法，了解不同类型电阻在电路中的作用。

【计划与实施】

1. 完成任务书，见表 1-2。

表 1-2　电阻识别检测任务书

(1)电阻代号：　　单位：　　单位换算关系：　　电组特性：　　电阻应用：
(2)标出以下电阻类型、阻值及图形符号(中国)： (a)　4700　　(b) 3266X　　(c)
(3)判断电阻的连接方式并计算总有效电阻(电阻值均为100Ω)： (a) R1 R2 R3 R4　　(b) R1 R2 R3 R4
(4)电阻选用原则： 测量方法：万用表"　　"挡，红表笔插入"　　"孔，红表笔插入"　　"孔，当数值显示为"1"时，应调(　　)挡位。
(5)故障检测：5色环电阻器的色环颜色分别为红紫黑棕棕，那么此电阻的阻值为(　　　)，误差为(　　　)，当测量值： (a)为"1"时说明电阻(　　　)；(b)为"0"时说明电阻(　　　)； (c)为"5.5kΩ"时说明电阻(　　　)；(d)为"5.05kΩ"时说明电阻(　　　)。

2. 利用数字万用表完成插件电阻与贴片电阻的检测，掌握电阻测量的操作规范，并说明电阻测量时的注意事项，影响电阻测量精度几个因素。

【任务资讯】

导体对电流的阻碍称为该导体的电阻，电阻器是电子电路中最常用的元器件之一，简称电阻。电阻器种类很多，通常可以分为 3 类：固定电阻器、电位器和敏感电阻器。

1. 固定电阻器

(1) 图形符号及单位　固定电阻器是一种阻值固定不变的电阻器。固定电阻器的实物外形和图形符号如图 1-5 所示，从封装上看有贴片电阻（图示有矩形和柱形两类）和插件电阻（碳膜电阻、金属薄膜电阻和绕线电阻）。在图 1-5（b）中，上方为国家标准的电阻器图形符号，下方为国外常用的电阻器图形符号，在电路图中固定电阻器的代号为"R"。

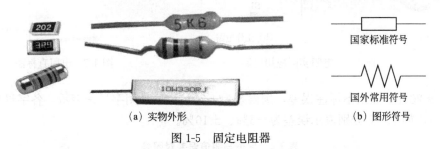

（a）实物外形　　　　　　　（b）图形符号

图 1-5　固定电阻器

电阻单位：电阻单位有欧姆（Ω）、千欧（kΩ）、兆欧（MΩ）和毫欧（mΩ）、微欧（μΩ）。

单位换算关系：$1MΩ=1000kΩ=1000000Ω$

$1Ω=1000mΩ=1000000μΩ$

（2）应用　电阻的实际应用电路如图 1-6 所示，图 1-6（b）为 LED 手电筒的电路原理图，其中 BT 为电池，D1 为发光二极管（LED），S1 为电筒开关，$R1$ 为固定电阻器，阻值为 1kΩ。电阻在电路中往往起到限制电流、分支电流、保护电路的作用。在图 1-6 所示电路中，如果没有固定电阻器 $R1$ 限制电流，发光二极管会因为电流过大而导致烧毁。

（3）识别方法

① 标称阻值。为了表示阻值的大小，在出厂时会在电阻器表面标注阻值。标注在电阻器上的阻值称为标称阻值。电阻器的实际阻值与标称阻值往往有一定的差距，这个差距称为误差。电阻器是由厂家生产出来的，但厂家不是随意生产任何阻值的电阻器的。为了生产、选购和使用的方便，国家规定了电阻器阻值的系列标称值，该标称值分 E-24、E-12、E-6 和 E-96 等系列，见表 1-3。

表 1-3　电阻器的标称阻值系列

标称阻值系列	允许误差	误差等级	标称值
E-24	±5%	Ⅰ	1.0,1.1,1.2,1.3,1.5,1.6,1.8,2.0,2.2,2.4,2.7,3.0,3.3,3.6,3.9,4.3,4.7,5.1,5.6,6.2,6.8,7.5,8.2,9.1
E-12	±10%	Ⅱ	1.0,1.2,1.5,1.8,2.2,2.7,3.3,3.9,4.7,5.6,6.8,8.2
E-6	±20%	Ⅲ	1.0,1.5,2.2,3.3,4.7,6.8

国家标准规定，生产某系列的电阻器，其标称阻值应等于该系列中标称值的 10^n（n 为正整数）倍。如 E-24 系列的误差等级为Ⅰ，允许误差范围为±5%，若要生产 E-24 系列（误差为±5%）的电阻器，厂家可以生产标称阻值为 1.1Ω、11Ω、110Ω、1.1kΩ、11kΩ、110kΩ、11MΩ 等的电阻器，而不能生产标称阻值是 1.4Ω、14Ω、140Ω 等的电阻器。

a. 直标法。直标法是指用文字符号（数字和字母）在电阻器上直接标注出阻值和误差的方法。直标法的阻值单位有欧姆（R）、千欧（k）和兆欧（M）。图 1-7 所示为直标法水泥电阻，功率为 10W，阻值 330Ω，精度为±5%。

误差大小的表示一般有两种方式：一是用罗马数字Ⅰ、Ⅱ、Ⅲ分别表示误差为±5%、

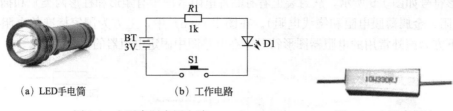

(a) LED手电筒 　　　(b) 工作电路

图 1-6　电阻实际应用电路　　　　　图 1-7　电阻直标法

±10%、±20%，如果不标注误差，则误差为±20%；二是用字母来表示，各字母对应的误差见表 1-4，如 J、K 分别表示误差为±5%、±10%。

表 1-4　字母与阻值误差对照表

字母	对应误差
W	±0.05%
B	±0.1%
C	±0.25%
D	±0.5%
F	±1%
G	±2%
J	±5%
K	±10%
M	±20%
N	±30%

例 1：12kΩ±10%、12kΩ Ⅱ、12kΩ10%、12kΩK，都表示电阻器的阻值为 12kΩ，误差为±10%。

例 2：1k2 表示 1.2kΩ，3M3 表示 3.3MΩ，3R3（或 3Ω3）表示 3.3Ω，R33（或 Ω33）表示 0.33Ω。

例 3：标注 12kΩ、12k，表示的阻值都为 12kΩ，不标注误差，则默认误差为±20%。

b. 色环法。插件电阻和柱形贴片电阻一般采用色环法标注阻值，如图 1-8 所示。

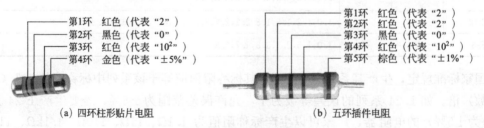

第1环　红色（代表"2"）
第2环　黑色（代表"0"）
第3环　红色（代表"10^2"）
第4环　金色（代表"±5%"）

第1环　红色（代表"2"）
第2环　红色（代表"2"）
第3环　黑色（代表"0"）
第4环　红色（代表"10^2"）
第5环　棕色（代表"±1%"）

(a) 四环柱形贴片电阻　　　　　(b) 五环插件电阻

图 1-8　电阻色环标注法

色环法是指在电阻器上标注不同颜色圆环来表示阻值和误差的方法。图 1-8（a）中，一只电阻器上有 4 条色环，称为四环电阻器；另一只电阻器上有 5 条色环，称为五环电阻器，五环电阻器的阻值精度较四环电阻器更高。

要正确识读色环电阻器的阻值和误差，需先了解各种色环代表的含义。四环电阻器各色环代表的含义及数值见表1-5。

表 1-5　四环电阻器各色环代表的含义及数值

色环颜色	第1环(有效数字)	第2环(有效数字)	第3环(倍乘数)	第4环(误差数)
棕	1	1	$\times 10^1$	$\pm 1\%$
红	2	2	$\times 10^2$	$\pm 2\%$
橙	3	3	$\times 10^3$	—
黄	4	4	$\times 10^4$	
绿	5	5	$\times 10^5$	$\pm 0.5\%$
蓝	6	6	$\times 10^6$	$\pm 0.2\%$
紫	7	7	$\times 10^7$	$\pm 0.1\%$
灰	8	8	$\times 10^8$	—
白	9	9	$\times 10^9$	—
黑	0	0	$\times 10^0 = 1$	
金	—	—	10^{-1}	$\pm 5\%$
银	—	—	10^{-2}	$\pm 10\%$
无色环				$\pm 20\%$

图1-8（a）电阻标称阻值为：$20 \times 10^2 \Omega = 2\text{k}\Omega$，误差$\pm 5\%$。

图1-8（b）电阻标称阻值为：$220 \times 10^2 \Omega = 22\text{k}\Omega$，误差$\pm 1\%$。

c. 数字索位标注法。一般矩形贴片电阻采用此标注法，如图1-9所示。

• 4位数字索位标称法。如图1-9（a）、（b）所示，它的第一、二、三位为有效数字，第四位表示在有效数字后面所加"0"的个数，这一位不会出现字母，阻值精度为$\pm 1\%$。

图1-9（a）中"5102"表示"51000Ω"；如果是小数，则用"R"表示"小数点"，并占用一位有效数字，其余三位是有效数字。图1-9（b）中"30R0"表示"30.0Ω"。

• 3位数字索位标称法。如图1-9（c）、（d）所示。它的第一、二位为有效数字，第三位表示在有效数字后面所加"0"的个数，这一位不会出现字母，阻值精度为$\pm 5\%$。

图1-9（c）中"202"表示"2000Ω"；图1-9（d）中"3R9"表示"3.9Ω"。

② 额定功率。额定功率是指在一定的条件下元器件长期使用允许承受的最大功率。电阻器额定功率越大，允许流过的电流越大。固定电阻器的额定功率也要按国家标准进行标注，其标称系列有1/8W、1/4W、1/2W、1W、2W、5W和10W等。小电流电路一般采用功率为1/8~1/2W的电阻器，而大电流电路中常采用1W以上的电阻器。

电阻器额定功率识别方法：对于标注了功率的电阻器，可根据标注的功率值来识别功率大小，例如图1-7中电阻的功率为10W；对于没有标注功率的电阻器，可根据长度和直径来判别其功率大小。长度和直径值越大，功率越大。例如一个长度为7mm、直径为2.2mm的金属膜电阻器，其功率为1/8W，而一个长度为8mm、直径为2.6mm的金属膜电阻器，其功率为1/4W；对于贴片电阻，其封装大小决定额定功率，例如0603封装，功率为1/16W，1206封装，功率为1/8W（注：1206封装比0603封装的电阻体积大）。

（4）选用　电子元器件的选用是学习电子技术的一个重要内容。对大多数从事维修、制作和简单设计的电子爱好者来说，只要考虑元器件的一些重要参数就可以解决实际问题。

① 电阻选用举例。在选用电阻器时，主要考虑电阻器的阻值、误差、额定功率和极限电压。

如图 1-10 所示，一般发光二极管的工作电流为 2～20mA，本例应用中设计为 10mA，电阻的选用方法如下。

图 1-9　电阻数字索位标注法　　　　图 1-10　发光二极管电路原理

a. 确定阻值。用欧姆定律可求出电阻器的阻值 $R = U/I = (3 - 1.7)/0.01 = 130\Omega$。

b. 确定误差。对于电路来说，误差越小越好，这里对误差要求不高，可选择电阻器误差为 $\pm 5\%$。若难以找到误差为 $\pm 5\%$ 的电阻器，也可选择误差为 $\pm 10\%$ 的电阻器。

c. 确定功率。根据功率计算公式可求出电阻器的功率大小为 $P = I^2 R = 0.01^2 \times 130\Omega = 0.013W$。为了让电阻器能长时间使用，避免电阻器因功率过大发热而烧毁，选择的电阻器功率应在实际功率的两倍以上，这里选择常规电阻器功率为 1/8W。

综上所述，为了让图 1-10 所示电路中的电阻器 R 能正常工作并满足要求，应选择阻值为 130Ω、误差为 $\pm 5\%$、额定功率为 1/8W 的电阻器。

② 电阻选用技巧。

a. 对于要求不高的电路，在选择电阻器时，其阻值和功率应与要求值尽量接近，并且额定功率只能大于要求值，若小于要求值，电阻器容易被烧坏。

b. 若无法找到某个阻值的电阻器，可采用多个电阻器并联或串联的方式来解决。电阻器串联时阻值增大，并联时阻值减小。

c. 若某个电阻器功率不够，可采用多个大阻值的小功率电阻器并联，或采用多个小阻值的小功率电阻器串联，不管是采用并联还是串联，每个电阻器承受的功率都会变小，并考虑两倍左右的余量。

（5）检测　固定电阻器的常见故障有开路、短路和变值。检测固定电阻器使用数字万用表的欧姆挡。在检测时，先识读出电阻器上的标称阻值，然后开始检测电阻器。

下面以测量一只标称阻值为 2kΩ 的色环电阻器为例来说明电阻器的检测方法，具体步骤如下。

第 1 步：将数字万用表的挡位开关拨至“10K”挡。

第 2 步：进行欧姆校零。将红、黑表笔短路，观察数值是否为 0，以确定数字万用表表笔接线良好。

第 3 步：将红、黑表笔分别接电阻器的两个引脚，再观察显示窗数值是否为“2”。

若万用表测量出来的阻值与电阻器的标称阻值相同，说明该电阻器正常（若测量出来的阻值与电阻器的标称阻值有些偏差，但在误差允许范围内，电阻器也算正常）。

若测量出来的阻值为∞，则说明电阻器开路。

若测量出来的阻值为 0Ω，则说明电阻器短路。

若测量出来的阻值大于或小于电阻器的标称阻值，并超出误差允许范围，则说明电阻器变值。

2. 其他类型电阻器

（1）电位器　电位器是一种阻值可以通过调节而改变的电阻器，又称可变电阻器。常见电位器的实物外形及电位器的图形符号如图1-11所示。

（a）实物外形　　　　　　　　　　　（b）图形符号

图1-11　电位器

电位器与固定电阻器一样，都具有降压、限流和分流的功能，不过由于电位器具有阻值可调性，故它可随时调节阻值来改变降压、限流和分流的程度。

电位器检测使用万用表的欧姆挡。在检测时，先测量电位器两个固定端之间的阻值，正常测量值应与标称阻值一致，然后再测量一个固定端与滑动端之间的阻值，同时旋转转轴，正常测量值应在0Ω到标称阻值范围内变化。若是带开关电位器，还要检测开关是否正常。电位器的检测如图1-12所示。

电位器的检测步骤如下。

第1步：测量电位器两个固定端之间的阻值。将数字万用表拨至"200K"挡（该电位器标称阻值为20kΩ），红、黑表笔分别与电位器两个固定端接触，如图1-12（a）所示，然后在显示窗口上读出阻值大小。

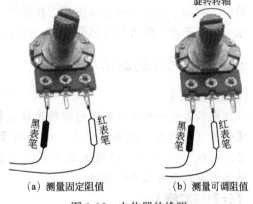

（a）测量固定阻值　　　　（b）测量可调阻值

图1-12　电位器的检测

若电位器正常，测得的阻值应与电位器的标称阻值相同或相近（在误差允许范围内）。

若测得的阻值为∞，则说明电位器两个固定端之间开路。

若测得的阻值为0Ω，则说明电位器两个固定端之间短路。

若测得的阻值大于或小于标称阻值，则说明电位器两个固定端之间的阻体变值。

第2步：测量电位器一个固定端与滑动端之间的阻值。数字万用表仍置于"200K"挡，红、黑表笔分别与电位器任意一个固定端和滑动端接触，如图1-12（b）所示，然后旋转电位器转轴，同时观察显示窗口。

若电位器正常，表针会发生摆动，指示的阻值应在0～20kΩ范围内连续变化。

若测得的阻值始终为∞，则说明电位器固定端与滑动端之间开路。

若测得的阻值为0Ω，则说明电位器固定端与滑动端之间短路。

若测得的阻值变化不连续、有跳变，则说明电位器滑动端与阻体之间接触不良。

（2）敏感电阻器　敏感电阻器是指阻值随某些外界条件的改变而变化的电阻器。敏感电阻器种类很多，常见的有热敏电阻器、光敏电阻器、湿敏电阻器、压敏电阻器、力敏电阻器、气敏电阻器和磁敏电阻器等，部分敏感电阻器的实物及图形符号如图1-13所示。

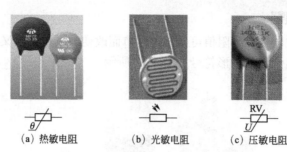

图 1-13　敏感电阻器实物及图形符号

敏感电阻种类多，应用广泛。

热敏电阻器具有阻值随温度变化而变化的特点，一般用在与温度有关的电路中。例如，可作为热水器的温度控制器件。

光敏电阻器的功能与固定电阻器一样，不同之处在于它的阻值可以随光线强弱变化而变化，可利用这个特性实现路灯自动开关控制。

压敏电阻器具有过电压时阻值变小的性质，利用该性质可以将压敏电阻器应用在保护电路中。例如作为家用电器保护器，在使用时将它接在 220V 市电和家用电器之间，当有高电压（雷电干扰）窜入供电回路中时，压敏电阻将瞬时阻值为零，将强电短路掉。

三、电容元件的识别与检测

【任务描述】

电容器是一种可以储存电荷的元件。相距很近且中间隔有绝缘介质（如空气、纸和陶瓷等）的两块导电极板就构成了电容器，如图 1-14 所示。掌握电容元件的选型及检测方法，了解不同类型电容在电路中的作用。

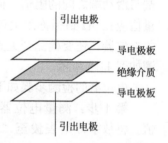

图 1-14　电容器结构原理

【计划与实施】

1. 完成任务书，见表 1-6。

表 1-6　电容识别检测任务书

(1)电容代号：　　图形符号： 单位：　　单位换算关系：
(2)电容特性：　　　　　　电容分类： 电容的应用：
(3)干扰信号进入电子电路会造成什么影响？
(4)标出以下电容的容值及类型(电解电容标出极性)。
(5)电容选用原则：
(6)电容故障类型：

2. 利用数字万用表完成电解电容与钽电阻的检测，掌握电容测量的操作规范，并说明电容测量时的注意事项。

【任务资讯】

电容器是电子电路中最常用的元器件之一，简称电容，在电路中的代号一般为"C"。电容器种类很多，按极性可分为有极性电容和无极性电容；按照封装形式可分为贴片电容和插件电容；按照材料可分为瓷介电容、涤纶电容、电解电容、钽电容，还有先进的聚丙烯电容等。本书按照结构分为固定电容器和可变电容器。

1. 固定电容器

（1）图形符号及单位　电容实物及图形符号如图 1-15 所示。

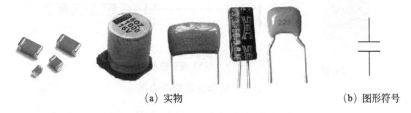

(a) 实物　　　　　　　　　　　　　　(b) 图形符号

图 1-15　电容实物及图形符号

电容单位：法拉（F）、毫法（mF）、微法（μF）、纳法（nF）、皮法（pF）。

单位换算关系：$1F = 1000mF = 10^6 \mu F = 10^9 nF = 10^{12} pF$。

注：法拉是很大的单位，电路中常用的容量单位是微法和皮法。

（2）应用　电容的特性："通交隔直"。电容器的"隔直"和"通交"是指直流电不能通过电容器，而交流电能通过电容器。电容具有充放电荷的作用，对于直流信号，在通电的瞬间，电容迅速充电，当其内电场同外部直流电源产生的电场相当时（内外电场方向相反），充电结束，电路再无电流通过，相当于"断路"；而交流电流则可以通过电容。

① 电容滤波。电容滤波应用电路如图 1-16 所示。

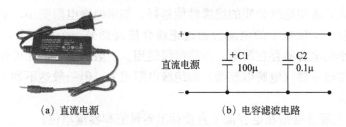

(a) 直流电源　　　　　　　　　　　　(b) 电容滤波电路

图 1-16　电容滤波应用电路

电容稳压滤波电路是电子电路中最常用的电路。在实际电子电路中，因为电磁耦合、电源串扰、自扰等多种因素的影响，直流供电电压会产生波动，这会极大地影响电子电路的稳定，造成死机、误动作等问题。把电容并联在供电电路中，当供电电压高于稳压电源时，电容储存电荷，降低回路电压；当供电电压变低时，电容通过释放电荷，升高回路电压。

在图 1-16 中可以看到，滤波电容一般成对出现，C1 为有极性电解电容，容量较大，而 C2 为无极性电容，容量较小。这二者在电路中的"任务"不同，C1 存储电荷容量大，充电时间长，负责滤除低频信号，C2 存储电荷容量小，充电快，滤除高频信号效果良好。

② 交流耦合。电容实际结构为两个平行导电极板，对于直流信号来说，相当于"断

路"，而对于交流信号则相当于"通路"。实际应用中，有时需要放大有用的交流信号，例如录音笔，需要处理输入的语音信号（交变信号），如图 1-17 所示。生活中常用的麦克的工作原理是把语言信号转变成交变的电信号，信号在电路后续处理中需要放大有用的交变信号（即声音信号），而隔离直流供电信号，如图 1-17（b）电路所示，标号"VCC""GND"分别代表接电源正负极，R1 为麦克直流供电的限流电阻，C1 为交流耦合电容，作用是通过交变信号隔离直流分量。

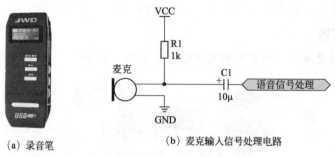

(a) 录音笔 　　　　 (b) 麦克输入信号处理电路

图 1-17　电容交流耦合应用

③ 电容在电子电路中应用广泛，其他应用还包括谐振、旁路、积分、微分、补偿和分频等功能。

（3）电容的主要参数　电容器的主要参数有标称容量、允许误差、额定电压和绝缘电阻等。

① 容量与允许误差。电容器能储存电荷，其储存电荷的多少称为容量。电容器容量越大，储存电荷越多。

② 额定电压。额定电压又称电容器的耐压值，它是指在正常条件下电容器长时间使用两端允许承受的最高电压。一旦加到电容器两端的电压超过额定电压，两极板之间的绝缘介质就容易被击穿而失去绝缘能力，造成两极板短路。

③ 绝缘电阻。电容器两极板之间隔着绝缘介质，绝缘电阻用来表示绝缘介质的绝缘程度。绝缘电阻越大，表明绝缘介质的绝缘性能越好。如果绝缘电阻变小，绝缘介质的绝缘性能下降，就会出现一个极板上的电流会通过绝缘介质流到另一个极板上，这种现象称为漏电。若绝缘电阻小的电容器存在漏电，不能继续使用。一般情况下，无极性电容器的绝缘电阻为∞，而有极性电容器（电解电容器）的绝缘电阻很大，但一般达不到∞。

（4）识别方法

① 直标法。直标法是指在电容器上直接标出容量值和容量单位。

电解电容器常采用直标法。图 1-18（a）所示电解电容的容量为 $470\mu F$，耐压为 $50V$，误差为 $\pm 20\%$；图 1-18（b）中 CBB 电容的容量为 $68nF$，J 表示误差为 $\pm 5\%$（注：用大写字母表示误差的方式同电阻类似）。

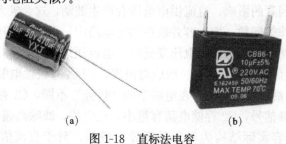

(a) 　　　　 (b)

图 1-18　直标法电容

② 用字母 p、n、μ、m 表示法。用 2～4 位数字和一个字母表示容量，其中的数字表示有效数字，字母为数值量值。p 表示 pF，μ 表示 μF，n 表示 nF，m 表示 mF，字母有时表示小数点位值。

例如：1p5 表示 1.5pF；4μ7 表示 4.7μF；470n 表示 470nF；1m5 表示 1500μF。

如果用 R 表示小数点或不带字母的小数，则单位为 μF，如 R33 表示容量是 0.33μF。0.01 表示 0.01μF。

③ 整数标注法。容量较小的无极性电容器常采用整数标注法，单位为 pF。

若整数末位是 0，如标"330"则表示该电容器容量为 330pF；若整数末位不是 0，如标"103"，则表示容量为 10×10^3 pF。

如果整数末位是 9，不是表示 109，而是表示 10-1，如 339 表示 3.3pF。

(5) 检测　电容器常见的故障有开路、短路和漏电。

① 无极性电容器的检测。检测时，数字万用表拨至"10k"，测量电容器两引脚之间的阻值。如果电容器正常，则显示数值从有数值跳变到"1"，容量越小跳变得越快。数值变化过程实际上就是万用表内部电池通过表笔对被测电容器充电的过程，被测电容器容量越小充电越快，数值跳变得越快。

若检测时数值无跳变过程，而是始终停在∞处，则说明电容器不能充电，该电容器开路。

若数值有跳变，但最后显示不为"1"，则说明电容器能充电，但绝缘电阻小，该电容器漏电。

若数值显示阻值小或 0Ω 处不动，则说明电容器不能充电，并且绝缘电阻很小，该电容器短路。

注：对于容量小于 0.01μF 的正常电容器，在测量时数值可能不发生跳变，故无法用万用表判断其是否开路，但可以判别是否短路和漏电。如果怀疑容量小的电容器开路，万用表又无法检测时，可找相同容量的电容器代换，如果故障消失，就说明原电容器开路。

② 电解电容器的检测。万用表拨至"10K"挡（对于容量很大的电容器，可选择 100k），测量电容器正、反向电阻。

如果电容器正常，在测正向电阻（黑表笔接电容器正极引脚，红表笔接负极引脚）时，数字变化，然后慢慢返回"1"；在测反向电阻时，显示数字逐渐变大，但有时不能到"1"。也就是说，正常电解电容器的正向电阻大，反向电阻略小，通过此方法可判别电容正、负极。

电解电容器检测时，若正、反向电阻均为∞，则说明电容器开路。若正、反向电阻都很小，则说明电容器漏电。若正、反向电阻均为 0Ω，则说明电容器短路。

(6) 选用　电容器是一种较常用的电子元件，在选用时可遵循以下原则。

① 标称容量要符合电路的需要。对于一些对容量大小有严格要求的电路（如定时电路、延时电路和振荡电路等），选用的电容器容量应与要求相同；对于一些对容量要求不高的电路（如耦合电路、旁路电路、电源滤波电路和电源退耦电路等），选用的电容器容量与要求相近即可。

② 工作电压要符合电路的需要。为了保证电容器能在电路中长时间正常工作，选用的电容器的额定电压应略大于电路可能出现的最高电压，约大于 10%。

③ 电容器特性尽量符合电路的需要。不同种类的电容器有不同的特性，为了让电路工作状态尽量最佳，可针对不同电路的特点来选择合适种类的电容器。下面是一些电路选择电

容器的规律。

    a. 对于电源滤波、退耦电路和低频耦合、旁路电路，一般选择电解电容器。

    b. 对于中频电路，一般可选择薄膜电容器和金属化纸介电容器。

    c. 对于高频电路，应选用高频特性良好的电容器，如瓷介电容器和云母电容器。

    d. 对于高压电路，应选用工作电压高的电容器，如高压瓷介电容器。

    e. 对于频率稳定性要求高的电路（如振荡电路、选频电路和移相电路），应选用温度系数小的电容器。

2. 可变电容器

    可变电容器是一种电容量可以在一定范围内调节的电容器，通过改变极片间相对的有效面积或片间距离改变时，它的电容量就相应地变化。通常在无线电接收电路中作调谐电容器用。

    可变电容器可分为微调电容器、单联电容器和多联电容器等。实物外形与图形符号如图1-19所示，图1-19（a）为微调电容，图1-19（b）为单联电容，多联电容为两个或两个以上的可变电容器结合。

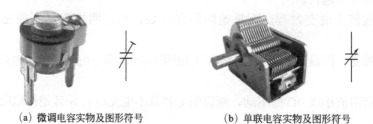

        （a）微调电容实物及图形符号   （b）单联电容实物及图形符号

图 1-19 可变电容器

四、电感元件的识别与检测

【任务描述】

    将导线在绝缘支架上绕制一定的匝数（圈数）就构成了电感器。掌握电感元件的选型及检测方法，了解电感在电路中的作用。

【计划与实施】

    1. 完成任务书，见表1-7。

表 1-7 电感识别检测任务书

(1)电感代号：   图形符号： 单位：   单位换算关系：
(2)电感特性：   电感分类： 电感的应用：
(3)画出"π"形滤波电路并陈述功能及原理。

续表

(4)电感选用原则:
(5)电感故障类型:
(6)如图1-25所示,变压器初级绕线匝数 N_1 为1000,输入电压 U_1 为 AC220V,现在需要 AC12V 供电电压,则 N_2 应为（　　）匝

2. 利用数字万用表完成电感和变压器的检测,掌握电感测量的操作规范。

【任务资讯】

(一) 电感器

电感器是电子电路中最常用的元器件之一,简称电感,在电路中的代号一般为"L"。

1. 电感器图形符号及单位

根据绕制的支架不同,电感器可分为空心电感器(无支架)、磁芯电感器(磁性材料支架)和铁芯电感器(硅钢片支架),它们的图形符号如图1-20所示。

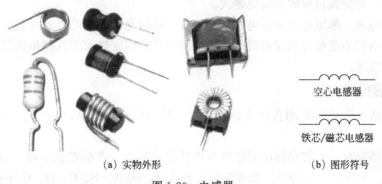

| 空心电感器 |
| 铁芯/磁芯电感器 |

(a) 实物外形　　　　　　(b) 图形符号

图1-20　电感器

电感单位:亨(H)、毫亨(mH)、微亨(μH)。

单位换算关系:$1H=1000mH=10^6 \mu H$。

2. 电感器主要参数

电感器的主要参数有电感量、误差、品质因数和额定电流等。

(1) 电感量　电感器由线圈组成,当电感器通过电流时就会产生磁场,电流越大,产生的磁场越强,穿过电感器的磁场(又称为磁通量 Φ)就越大。实验证明,穿过电感器的磁通量 Φ 和电感器通入的电流 I 成正比关系。磁通量 Φ 与电流 I 的比值称为自感系数,又称电感量 L,用公式表示为:

$$L=\frac{\Phi}{I}$$

电感器的电感量大小主要与线圈的匝数(圈数)、绕制方式和磁芯材料等有关。线圈匝数越多、绕制的线圈越密集,电感量就越大;有磁芯的电感器比无磁芯的电感器电感量大;电感器的磁芯磁导率越高,电感量也就越大。

(2) 误差　误差是指电感器上标称电感量与实际电感量的差距。对于精度要求高的电路，电感器的允许误差范围通常为±0.2%～±0.5%，一般的电路可采用误差为±10%～±15%的电感器。

（3）品质因数（Q 值） 品质因数也称 Q 值，是衡量电感器质量的主要参数。品质因数是指当电感器两端加某一频率的交流电压时，其感抗 X_L（$X_L = 2\pi f L$）与直流电阻 R 的比值，用公式表示为：

$$Q = \frac{X_L}{R} \tag{1-2}$$

从式（1-2）可以看出，感抗越大或直流电阻越小，电感器的品质因数就越大。

电感器对通过的交流信号有较大的阻碍，这种阻碍称为感抗。感抗用 X_L 表示，感抗的单位是欧姆（Ω）。电感器的感抗大小与自身的电感量和交流信号的频率有关。感抗大小可以用以下公式计算：

$$X_L = 2\pi f L \tag{1-3}$$

式中 X_L——感抗，Ω；

f——交流信号的频率，Hz；

L——电感器的电感量，H。

由式（1-3）可以看出：交流信号的频率越高，电感器对交流信号的感抗越大；电感器的电感量越大，对交流信号的感抗也越大。

（4）额定电流 额定电流是指电感器在正常工作时允许通过的最大电流值。电感器在使用时，流过的电流不能超过额定电流，否则电感器就会因发热而使性能参数发生改变，甚至会因过电流而烧坏。

3. 电感器标识方法

（1）直标法 电感器采用直标法标注时，一般会在外壳上标注电感量、误差和额定电流值。

在标注电感量时，通常会将电感量值及单位直接标出。在标注误差时，分别用Ⅰ、Ⅱ、Ⅲ 表示±5%、±10%、±20%。在标注额定电流时，用A、B、C、D、E 分别表示50mA、150mA、300mA、0.7A 和 1.6A。

例：AⅡ100μH 表示电感量 μH，误差±10%，额定电流50mA。

（2）色标法 色标法是采用色点或色环标在电感器上来表示电感量和误差的方法。色码电感器采用色标法标注，其电感量和误差标注方法同色环电阻器，单位为 μH。色码电感器的各种颜色的含义及代表的数值与色环电阻器相同，读法参照电阻色环识别法。

4. 电感器应用

电感器的主要性质："通直阻交"和"阻碍变化的电流"。电感器的"通直阻交"是指电感器对通过的直流信号阻碍很小，直流信号可以很容易地通过电感器，而电感对于交流信号通过时存在感抗，交流信号会受到较大的阻碍。

利用电感器的特性，主要应用有以下几点。

（1）直流电源稳压滤波 把电感器串联到直流电源输入回路中，利用电感"通直阻交"特性，可阻碍交流干扰信号进入供电回路，起到同电容类似的滤波作用，如图 1-21（a）所示。

在实际应用电路，往往电感、电容相结合用于电源滤波，效果更显著，如图 1-21（b）所示，此滤波电路也称为"π"形滤波电路。

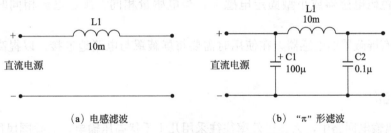

(a) 电感滤波　　　　　　　　(b) "π" 形滤波

图 1-21　直流电源稳压滤波电路

(2) 谐振　可变电感器用于无线信号的发射和接收谐振电路。可调电感器是通过调节磁芯在线圈中的位置来改变电感量的，磁芯进入线圈内部越多，电感器的电感量越大。如果电感器没有磁芯，可以通过减少或增多线圈的匝数来降低或提高电感器的电感量。另外，改变线圈之间的疏密程度也能调节电感量。

(3) 高频扼流圈　高频扼流圈又称高频阻流圈，它是一种电感量很小的电感器，高频扼流圈在电路中的作用是"阻高频，通低频"。如图 1-22 所示，当高频扼流圈输入高、低频信号和直流信号时，高频信号不能通过，只有低频和直流信号能通过。

(4) 低频扼流圈　低频扼流圈又称低频阻流圈，是一种电感量很大的电感器，常用在低频电路（如音频电路和电源滤波电路）中，低频扼流圈是用较细的漆包线在铁芯（硅钢片）或铜芯上绕制很多匝数制成的。低频扼流圈在电路中的作用是"通直流，阻低频"。如图 1-23 所示，当低频扼流圈输入高、低频和直流信号时，高、低频信号均不能通过，只有直流信号才能通过。

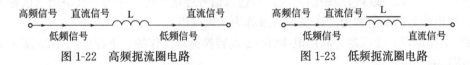

图 1-22　高频扼流圈电路　　　　　图 1-23　低频扼流圈电路

5. 电感器检测

电感器的电感量和 Q 值一般用专门的电感测量仪和 Q 表来测量，一些功能齐全的万用表也具有电感量测量功能。

电感器常见的故障有开路和线圈匝间短路。电感器实际上就是线圈，由于线圈的电阻一般比较小，所以测量时一般用万用表的 200Ω 挡。线径粗、匝数少的电感器电阻小，接近于 0Ω；线径细、匝数多的电感器阻值较大。在检测电感器时，用万用表可以很容易地检测出是否开路（开路时测出的电阻为∞），但很难判断它是否匝间短路，因为电感器匝间短路时电阻减小很少，解决方法是：当怀疑电感器匝间有短路，万用表又无法检测出来时，可更换新的同型号电感器，故障排除则说明原电感器已损坏。

6. 电感器选用

在选用电感器时，要注意以下几点。

① 选用电感器的电感量必须与电路要求一致，额定电流选大一些不会影响电路。

② 选用电感器的工作频率要适合电路。低频电路一般选用硅钢片铁芯或铁氧体磁芯的电感器，而高频电路一般选用高频铁氧体磁芯或空心的电感器。

③ 对于不同的电路，应该选用相应性能的电感器。在检修电路时，如果遇到损坏的电感器，并且该电感器功能比较特殊，通常需要用同型号的电感器更换。

④ 对于色码电感器或小型固定电感器，当电感量相同、额定电流相同时，一般可以代换。

⑤ 对于有屏蔽的电感器，在使用时需要将屏蔽罩与电路地连接，以提高电感器的抗干扰性。

（二）变压器

在远距离输电回路中，为提供效率往往采用几十千伏高压输电，而我国民用电器的供电标准为工频 220V，在日常生活中，常常需要更小的电压，如 9V、5V 等，通过变压器可以灵活改变交流电压或交流电流的大小。常见变压器的实物外形及图形符号如图 1-24 所示。

（a）变压器实物

（b）变压器图形符号

图 1-24　变压器

（1）变压器结构　两组相距很近又相互绝缘的线圈就构成了变压器。变压器的结构如图 1-25 所示，从图中可以看出，变压器主要由绕组和铁芯组成。绕组通常由漆包线（在表面涂有绝缘层的导线）或纱包线绕制而成，与输入信号连接的绕组称为一次绕组（或称为初级绕组），输出信号的绕组称为二次绕组（或称为次级绕组）。

（2）工作原理　变压器是利用电-磁和磁-电转换原理工作的。下面以图 1-25 所示电路来说明变压器的工作原理。

当交流电压 U_1 送到变压器的一次绕组 L1 两端时（L1 的匝数为 N_1），有交流电流 I_1 流过 L1，L1 马上产生磁场，磁场的磁感线沿着导磁良好的铁芯穿过二次绕组 L2（其匝数为 N_2），有磁感线穿过 L2，L2 上马上产生感应电动势，此时 L2 相当于一个电源。由于 L2 与电阻 R 连接成闭合电路，L2 就有交流电流 I_2 输出并流过电阻 R，R 两端的电压为 U_2。

变压器的一次绕组进行电-磁转换，而二次绕组进行磁-电转换。

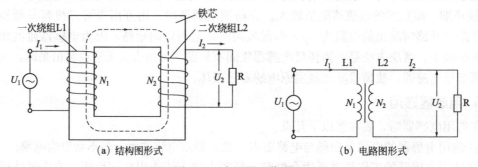
（a）结构图形式　　　　　　　　　　（b）电路图形式

图 1-25　变压器工作原理

（3）功能　变压器可以改变交流电压的大小，也可以改变交流电流的大小。

① 改变交流电压。变压器既可以升高交流电压，也可以降低交流电压。在忽略电能损

耗的情况下，变压器一次电压 U_1、二次电压 U_2 与一次绕组匝数 N_1、二次绕组匝数 N_2 的关系为：

$$\frac{U_1}{U_2}=\frac{N_1}{N_2}=n \tag{1-4}$$

式中　n——匝数比或电压比。

由上面的式（1-4）可知以下几点。

a. 当二次绕组匝数 N_2 多于一次绕组的匝数 N_1 时，二次电压 U_2 就会高于一次电压 U_1，即 $n<1$ 时，变压器可以提升交流电压，故电压比 $n<1$ 的变压器称为升压变压器。

b. 当二次绕组匝数 N_2 少于一次绕组的匝数 N_1 时，变压器能降低交流电压，故 $n>1$ 的变压器称为降压变压器。

c. 当二次绕组匝数 N_2 与一次绕组的匝数 N_1 相等时，变压器不会改变交流电压的大小，即一次电压 U_1 与二次电压 U_2 相等。这种变压器虽然不能改变电压大小，但能对一、二次电路进行电气隔离，故 $n=1$ 的变压器常用作隔离变压器。

② 改变交流电流。变压器不但能改变交流电压的大小，而且能改变交流电流的大小。由于变压器对电能损耗很少，所以可忽略不计，故变压器的输入功率 P_1 与输出功率 P_2 相等，即：

$$P_1=P_2$$
$$U_1 I_1=U_2 I_2$$
$$\frac{U_1}{U_2}=\frac{I_2}{I_1} \tag{1-5}$$

从上面的式子可知，变压器的一、二次电压与一、二次电流成反比。若提升了二次电压，就会使二次电流减小；降低二次电压，二次电流会增大。

综上所述，对于变压器来说，匝数越多的绕组两端电压越高，流过的电流越小。

例如，某个电源变压器上标注"输入电压 220V，输出电压 6V"，那么该变压器的一、二次绕组匝数比 $n=220/6\approx37$，当将该变压器接在电路中时，二次绕组流出的电流是一次绕组流入电流的 37 倍。

五、二极管的识别与检测

【任务描述】

二极管又称为半导体二极管。导电性能介于导体与绝缘体之间的材料称为半导体，常见的半导体材料有硅、锗和硒等。利用半导体材料可以制作各种各样的半导体元器件，如二极管、三极管、场效应管和晶闸管等都是由半导体材料制作而成的。掌握二极管元件的选型及检测方法，了解二极管在电路中的作用。

【计划与实施】

1. 完成任务书，见表1-8。

表 1-8 二极管识别检测任务书

(1)二极管代号：　图形符号：
(2)二极管特性： 硅二极管正向压降：　　V　　二极管正向压降：　　V 发光二极管正向压降：　　　V

续表

(3)标出下面二极管极性,并说明如何用数字万用表测量二极管极性:
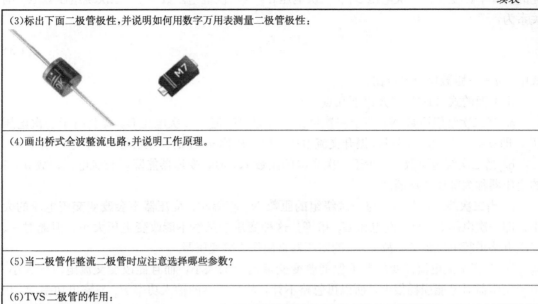
(4)画出桥式全波整流电路,并说明工作原理。
(5)当二极管作整流二极管时应注意选择哪些参数?
(6)TVS 二极管的作用:
(7)为什么说 LED 照明节能?

2. 利用数字万用表完成二极管 1N4007 的检测,并通过网络搜索参数,并说明此型号的二极管能不能作为交流 220V,功率 50W 电源的整流二极管,为什么?

【任务资讯】

1. 二极管结构、图形符号和实物外形

二极管的代号一般为"D",二极管的内部结构、图形符号和实物外形如图 1-26 所示。

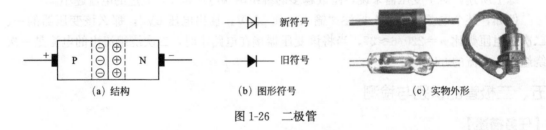

图 1-26 二极管

如图 1-26(a)所示,当 P 型半导体(由半导体材料中掺入磷、砷和锑等五价杂质,含有大量的正电荷)和 N 型半导体(由半导体材料中掺入如硼、铝和镓三价杂质,含有大量的电子)结合在一起时,P 型半导体中的正电荷向 N 型半导体中扩散,N 型半导体中的电子向 P 型半导体中扩散,于是在 P 型半导体和 N 型半导体中间就形成一个特殊的薄层,这个薄层称为 PN 结,从含有 PN 结的 P 型半导体和 N 型半导体两端各引出一个电极并封装起来就构成了二极管。与 P 型半导体连接的电极称为正极(或阳极),用"+"或"A"表示;与 N 型半导体连接的电极称为负极(或阴极),用"−"或"K"表示。如图 1-26(b)所示,图形左侧为"+"或"A",阳极;图形右侧为"−"或"K",负极。

2. 二极管性质

(1)"正向导通""反向截止"——二极管的单向导电性 下面通过分析图 1-27 所示的两个电路来说明二极管的性质。

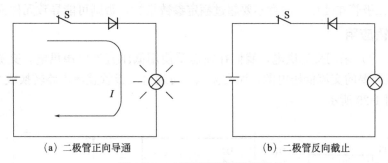

(a) 二极管正向导通　　　　　　　　(b) 二极管反向截止

图 1-27　二极管的性质说明图

在图 1-27（a）所示电路中，当闭合开关 S 后，发现灯泡会发光，表明有电流流过二极管，二极管导通；而在图 1-27（b）所示电路中，当开关 S 闭合后灯泡不亮，说明无电流流过二极管，二极管不导通。

由此可以得出这样的结论：当二极管正极与电源正极连接，负极与电源负极相连时，即二极管加正向电压时二极管能导通，反之二极管加反向电压时不能导通。二极管这种单方向导通的性质称为二极管的单向导电性。

（2）伏-安特性曲线　在电子工程技术中，常采用伏-安特性曲线来说明元器件的性质。伏-安特性曲线又称为电压-电流特性曲线，用来说明元器件两端电压与通过电流的变化规律。

二极管的伏-安特性曲线用来说明加到二极管两端的电压 U 与通过电流 I 之间的关系。二极管的伏-安特性曲线如图 1-28 所示。

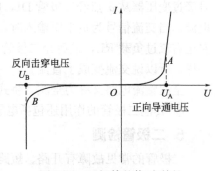

在图 1-28 所示的坐标图中，第一象限内的曲线表示二极管加正向电压时的特性，即正向特性，第三象限内的曲线表示二极管的反向特性。下面从两方面来分析伏-安特性曲线。

图 1-28　二极管的伏-安特性
曲线及电路说明

① 正向特性。电压 U 很低，流过二极管的电流极小，可认为二极管没有导通，只有当正向电压达到图 1-28 所示的电压 U_A 时，流过二极管的电流急剧增大，二极管才导通。这里的电压 U_A 称为正向导通电压，又称门电压（或阈值电压）。不同材料的二极管，其门电压是不同的，硅材料二极管的门电压为 0.5～0.7V，锗材料二极管的门电压为 0.2～0.3V。从上面的分析可以看出，二极管的正向特性是：当二极管加正向电压时不一定能导通，只有正向电压达到门电压时，二极管才能导通。

② 反向特性。反向电压不高时，没有电流流过二极管，二极管不能导通。当反向电压达到图 1-28 所示 U_B 电压时，流过二极管的电流急剧增大，二极管反向导通了。这里的电压 U_B 称为反向击穿电压，反向击穿电压一般很高，远大于正向导通电压。不同型号的二极管反向击穿电压不同，低的有十几伏，高的有几千伏。普通二极管反向击穿导通通常是损坏性的，所以反向击穿导通的普通二极管一般不能再使用，但稳压二极管是利用反向击穿后电压稳定的特性制造的。

3. 二极管参数

二极管参数包括最大整流电流 I_F、最高反向工作电压 U_R、最大反向电流 I_R 和最高工

作频率 f_M，二极管在使用时注意不要超过额定参数指标，否则可能导致元件损坏。

4. 二极管应用

① 整流。电厂采用交流供电，我们往往需要使用低压直流电源供电，交流高压可通过变压器转换成需要的交流低压电源，而交流电压可通过二极管整流电路转换成直流电压，其工作原理如图 1-29 所示。

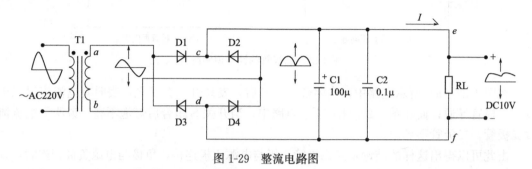

图 1-29　整流电路图

交流 220V 电压经变压器变换成 8V 左右的交流低压信号，经 D1~D4 四个二极管组成的全波整流电路整流后变成脉动的直流信号，最后经电容滤波后变成 10V 左右的直流信号，此直流信号仍含有交流脉动信号，需经更精确的直流稳压电路进一步处理。

全波整流的过程如下：当交流信号为正半周输入时，因为二极管的单向导电性，电压信号经过变压器从 a 点经二极管 D1，电流方向从左至右流过负载 RL，最后经二极管 D4 流回电源；当交流信号为负半周输入时，电压信号经过变压器从 b 点经二极管 D2，电流方向从左至右流过负载 RL，最后经二极管 D3 流回电源。正负半周交流信号流经负载的电流方向一样，所以说交流变成了直流。

全波整流电路又称为全波"桥式"整流电路，是电源电路中常见的应用电路。

② 其他二极管的作用还包括电子开关、钳位等。

5. 二极管检测

二极管的常见故障有开路、短路和性能不良。

在检测二极管时，可将万用表拨至—▷|—挡，用红黑表笔测量二极管的两管脚，交换红黑表笔接触的管脚后再次测量。当两次测量结果：一次无数值，显示"1"，另一次显示 600~800（硅二极管，锗二极管显示 100~300），说明二极管正常。当测量有数值时，红表笔对应管脚为二极管正极，则另一脚为负极（注：二极管的正负极一般可通过观察元件外观辨别，有标记的一端为负极）。

若两次测量均为"1"，则说明二极管开路。

若两次测量都有数值，则说明二极管性能不良。

6. 其他二极管

其他二极管的图形符号如图 1-30 所示。

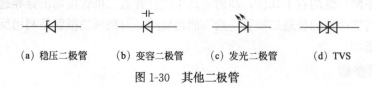

(a) 稳压二极管　　(b) 变容二极管　　(c) 发光二极管　　(d) TVS

图 1-30　其他二极管

① 稳压二极管又称齐纳二极管或反向击穿二极管，利用二极管的反向击穿特性在电路中起稳压作用。

② 变容二极管在电路中可以相当于电容，并且容量可调。

③ 发光二极管是一种电-光转换器件，能将电信号转换成光，简称"LED"。LED 工作电流 2～30mA，工作电压 1.6～3.6V，亮度高，节能，目前广泛应用于照明系统。

④ 瞬态电压抑制二极管又称瞬态抑制二极管，简称 TVS。可抑制瞬态高电压，尖脉冲，抑制电源干扰。

六、三极管的识别与检测

【任务描述】

三极管又称晶体三极管，是一种具有放大功能的半导体器件。掌握三极管元件的选型及检测方法，了解三极管电路中的作用。

【计划与实施】

1. 完成任务书，见表 1-9。

表 1-9 三极管识别检测任务书

(1)三极管代号：　　　图形符号：
(2)标出下列三极管的类型和管脚名称。 
(3)三极管的三种工作状态及特点：
(4)计算：见图 1-35，设发光二极管的压降为 1.7V，如果要求发光二极管的工作电流为 5mA，则电阻 R3 的阻值改为多少？

2. 利用数字万用表完成三极管 8550、8050 的检测，测量放大倍数 hFE。掌握用万用表识别 b、c、e 极的测试方法。

【任务资讯】

1. 三极管结构、图形符号和实物外形

三极管又称晶体三极管，是一种具有放大功能的半导体器件。

三极管有 PNP 型和 NPN 型两种。

（1）PNP 三极管结构、图形符号和实物外形　将两个 P 型半导体和一个 N 型半导体按图 1-31（b）所示的方式结合在一起，构成 PNP 型三极管。在两个 P 型半导体和一个 N 型半导体上通过连接导体各引出一个电极，然后封装起来就构成了三极管。三极管的 3 个电极分别称为集电极（用 c 或 C 表示）、基极（用 b 或 B 表示）和发射极（用 e 或 E 表示）。

（2）NPN 三极管结构、图形符号和实物外形　NPN 型三极管的构成与 PNP 型三极管类似，它是由两个 N 型半导体和一个 P 型半导体构成的，具体如图 1-32 所示。

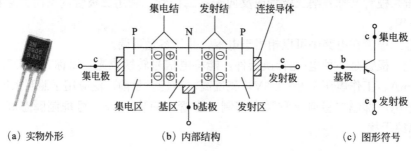

(a) 实物外形　　　　　　(b) 内部结构　　　　　　(c) 图形符号

图 1-31　PNP 三极管结构及图形符号

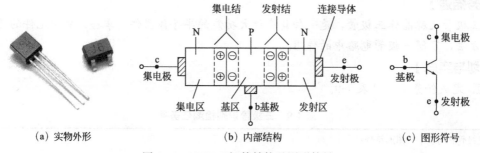

(a) 实物外形　　　　　　(b) 内部结构　　　　　　(c) 图形符号

图 1-32　NPN 三极管结构及图形符号

2. 三极管三种状态

三极管的状态有 3 种：截止、放大和饱和。三极管内部有两个 PN 结，见图 1-33，PN 结的特性即为二极管基本特性："正向导通，反向截止"。

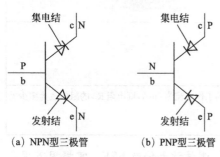

(a) NPN型三极管　(b) PNP型三极管

图 1-33　三极管 PN 结示意图

当三极管处于不同状态时，集电结和发射结也有相对应的特点。不论 NPN 型或 PNP 型三极管，在 3 种状态下的发射结、集电结和电路都有以下特点。

(1) 处于放大状态时，发射结正偏导通，集电结反偏。此时：基极电流 I_B、集电极电流 I_C 和发射极电流 I_E 存在如下关系：$I_C = \beta I_B$，$I_E = I_C + I_B = (1 + \beta) I_B$。式中，$\beta$ 为三极管的直流电流放大倍数（也可用 h_{FE} 表示）。

(2) 处于饱和状态时，发射结正偏导通，集电结也正偏。此时：$I_C < \beta I_B$，集电极和发射极之间的电压 U_{CE} 极小，为 0.1～0.3V。

(3) 处于截止状态时，发射结反偏或正偏但不导通，集电结反偏。此时：$I_E = I_C = I_B = 0$，电路截止，无电流通过任何一极。

正偏是指 PN 结的 P 端电压高于 N 端电压。正偏导通除了要满足 PN 结的 P 端电压大于 N 端电压外，还要求电压要大于门电压（0.2～0.3V 或 0.5～0.7V），这样才能让 PN 结导通。反偏是指 PN 结的 N 端电压高于 P 端电压。

3. 三极管的主要参数

三极管的主要参数有以下几个。

(1) 电流放大倍数　三极管的电流放大倍数分直流电流放大倍数和交流电流放大倍数。三极管集电极电流 I_c 与基极电流 I_b 的比值称为三极管的直流电流放大倍数（用 β 或 h_{FE}

表示）。

三极管的 β 值过小，电流放大作用小；β 值过大，三极管的稳定性会变差。在实际使用时，选用 β 在 40～80 的管子较为合适。

（2）穿透电流 I_{CEO} 穿透电流又称集电极-发射极反向电流，它是指在基极开路时，给集电极与发射极之间加一定的电压后，由集电极流往发射极的电流。穿透电流的大小受温度的影响较大，三极管的穿透电流越小，热稳定性越好，通常锗管的穿透电流较硅管要大些。

（3）集电极最大允许电流 I_{CM} 三极管用作放大时，电流 I_c 不能超过 I_{CM}。

（4）击穿电压 $U_{BR(CEO)}$ 击穿电压 $U_{BR(CEO)}$ 是指基极开路时，允许加在集-射极之间的最高电压。击穿的三极管属于永久损坏，故选用三极管时要注意其击穿电压不能低于电路的电源电压，一般三极管的击穿电压应是电源电压的两倍。

（5）集电极最大允许功耗 P_{CM} 集电极最大允许功耗 P_{CM} 可用下面的式子计算：

$$P_{CM} = I_c U_{ce} \tag{1-6}$$

三极管的电流 I_c 过大或电压 U_{ce} 过高，都会导致功耗过大而超出 P_{CM}，三极管会因发热而损坏。

（6）特征频率 f_T 在工作时，三极管的放大倍数 β 会随着信号频率的升高而减小。信号频率大于 f_T 时，三极管将不能正常工作。

4. 三极管的应用

（1）信号放大 三极管经常用于简单的放大电路，例如话筒，三极管放大麦克信号后经喇叭输出，如图 1-34 所示。

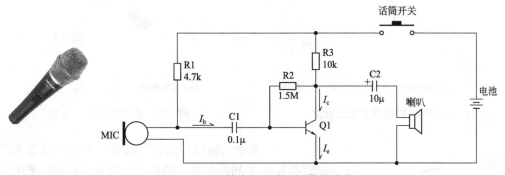

图 1-34 三极管应用电路——信号放大

C1 为交流耦合，将麦克信号输入到后级三极管放大电路，隔离直流信号，信号放大后经电容 C2 耦合输出到喇叭。三极管 Q1 为 NPN 型，电阻 R1 为麦克提供直流供电，R2、R3 为三极管提供直流工作点，保证提供发射结正偏，集电结反偏。

（2）电子开关 当三极管分别处于饱和截止状态时，电流体现"通""断"两种状态，可看作一个开关，如图 1-35 所示。

Q1 为 PNP 型三极管，当按键 K1 未按时，Q1 基极为 3.6V，发射结反偏，Q1 处于截止状态，没有电流通过，发光二极管不亮，当按键 K1 按下时，Q1 基极为 0V，发射结正偏，Q1 处于饱和导通状

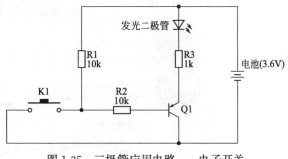

图 1-35 三极管应用电路——电子开关

态，发光二极管亮（电子开关在实际应用中，按键 K1 给出的低电平一般为电子信号）。

例：如图 1-35 所示，发光二极管的导通电压为 1.8V，求发光二极管的工作电流。

解：Q1 饱和导通时 U_{CE} 约为 0V，则电阻两端的电压 U_R=3.6−1.8=1.8V。

则根据欧姆定律 $I=U/R$ 可得：

$$I=(3.6-1.8)\div 1000=0.0018A=1.8mA$$

5. 三极管检测

三极管检测一般可用数字万用表的"hFE"三极管放大倍数来测量，当测量数值明显偏离额定参数时，三极管损坏。

三极管因为有两个 PN 结，也可以利用二极管的测量方式进行 b、c、e 三个极的判断和好坏的判断。

七、其他电子元件

1. 光电器件

（1）红外线发光二极管和红外线接收二极管　红外线发光二极管通电后会发出人眼无法看见的红外光，红外线接收二极管又称红外线光敏二极管，简称红外线接收管，它能将红外光转换成电信号，为了减少可见光的干扰，其常采用黑色树脂材料封装。家用电器的遥控器采用红外线发光二极管发射遥控信号。红外线发光二极管的实物外形与图形符号如图 1-36 所示，红外线接收二极管的实物外形与图形符号如图 1-37 所示。

(a) 实物外形　(b) 图形符号	(a) 实物外形　(b) 图形符号
图 1-36　红外线发光二极管	图 1-37　红外线接收二极管

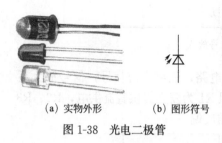

(a) 实物外形　　(b) 图形符号

图 1-38　光电二极管

（2）光电二极管和光电三极管　光电二极管和三极管都是光-电转换器件，能将光转换成电信号。光电三极管同光电二极管相比，除了对光敏感，还具有放大能力。光电转换在工业和商业的应用广泛，例如可用于路灯的自动控制，生产流水线上对物件的计数等。图 1-38 所示是一些常见的光电二极管的实物外形和图形符号，图 1-39 所示为光电三极管的实物外形和图形符号。

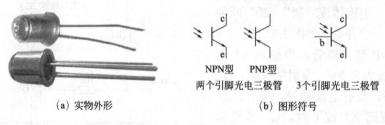

NPN型　　PNP型
两个引脚光电三极管　　3个引脚光电三极管

(a) 实物外形　　　　　　(b) 图形符号

图 1-39　光电三极管

（3）光电耦合器（简称"光耦"）　光电耦合器是将发光二极管和光电三极管组合在一起并封装起来构成的。图1-40（a）所示是一些常见的光电耦合器的实物外形，图1-40（b）所示为光电耦合器的图形符号。

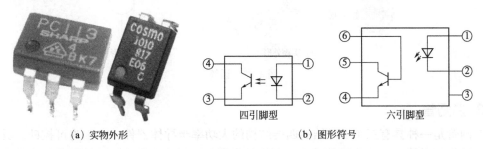

（a）实物外形　　　　　　（b）图形符号

图1-40　光电耦合器

　　光电耦合器通过光来传递信号，从而达到隔离信号的功能。当需要弱电控制强电时，可采用光耦隔离电路。

2. 电声器件

（1）扬声器　扬声器又称喇叭，是一种最常用的电-声转换器件，其功能是将电信号转换成声音。扬声器的实物外形和图形符号如图1-41所示。

（a）实物外形　　　　（b）图形符号

图1-41　扬声器

（2）蜂鸣器　蜂鸣器是一种一体化结构的电子讯响器，广泛应用于计算机、打印机、复印机、报警器、电子玩具、汽车电子设备、电话机、定时器等电子产品中用作发声器件。蜂鸣器主要有压电式蜂鸣器和电磁式蜂鸣器两种类型。蜂鸣器的实物外形和图形符号如图1-42所示，蜂鸣器在电路中用字母"H"或"HA"表示。

横向图　　　纵向图

（a）实物外形　　　　（b）图形符号

图1-42　蜂鸣器

（3）传声器　传声器又称麦克风、话筒，是一种声-电转换器件，其功能是将声音转换成电信号。话筒的实物外形和图形符号如图1-43所示。

（a）实物外形　　　　　　　　（b）图形符号

图 1-43　话筒

3. 晶闸管

晶闸管是一种具有三个 PN 结的四层结构的大功率半导体器件，亦称为可控硅。具有体积小、结构相对简单、功能强等特点，是比较常用的半导体器件之一。该器件被广泛应用于各种电子设备和电子产品中，多用来作可控整流、逆变、变频、调压、无触点开关等。家用电器中的调光灯、调速风扇、空调机、电视机、电冰箱、洗衣机、照相机、组合音响、声光电路、定时控制器、玩具装置、无线电遥控、摄像机及工业控制等都大量使用了可控硅器件。图 1-44 所示为单向晶闸管的实物外形和图形符号。

（a）实物外形　　　　　　　　（b）图形符号

图 1-44　单向晶闸管

4. 场效应管（MOS 管）

场效应管是利用控制输入回路的电场效应来控制输出回路电流的一种半导体器件，又称场效应晶体管（Field Effect Transistor，FET），它与三极管一样，具有放大能力。场效应管有漏极（D 极）、栅极（G 极）。场效应管可分为结型和绝缘栅型，图 1-45 所示为结型场效应管的实物外形和图形符号。

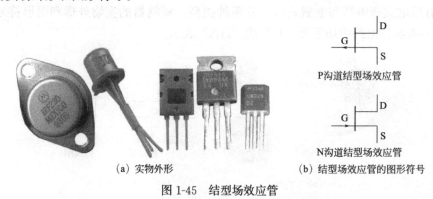

（a）实物外形　　　　　　（b）结型场效应管的图形符号

图 1-45　结型场效应管

同三极管电流控制型不同，场效应管属于电压控制，栅极（G 极）电压控制漏极（D极）和源极（S 极）的导通。在其输入端基本不取电流或电流极小，具有输入阻抗高、噪声低、热稳定性好、制造工艺简单等特点，在大规模和超大规模集成电路中被应用。

5. 继电器

继电器是一种利用电磁原理来控制触点通、断的器件。图 1-46 所示是一些常见继电器的实物外形和图形符号。

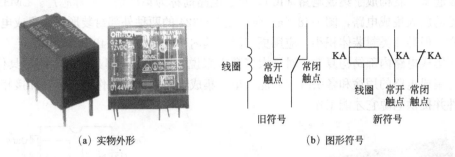

| (a) 实物外形 | (b) 图形符号 |

图 1-46　继电器

继电器一般被用于控制输出，当作隔离开关使用，应用极其广泛，例如生产线、机器人、电梯、控制面板、自动取款机、运动控制系统、照明、建筑系统、太阳能、暖通空调以及一系列安全性至关重要的应用。

6. 显示器件

显示器件可将电信号转换成能看见的字符图形。显示器件种类很多，包括 LED 数码管、LED 点阵显示器、真空荧光显示器和液晶显示屏，见图 1-47。

LED 数码管将 LED 做成段状，通过让不同段发光来组合成各种数字；LED 点阵显示器是将 LED 做成点状，通过让不同点发光来组合成各种字符或图形；真空荧光显示器是将有关电极做成各种形状并涂上荧光粉，通过让灯丝发射电子轰击不同电极上的荧光粉来显示字符或图形；液晶显示屏是通过施加电压使特定区域的液晶变得透明或不透明来显示字符图形。

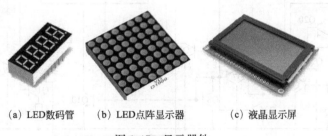

| (a) LED数码管 | (b) LED点阵显示器 | (c) 液晶显示屏 |

图 1-47　显示器件

7. 传感器

传感器是一种将非电量（如温度、湿度、光线、磁场和声音等）信号转换成电信号的器件。

传感器种类很多，主要可分为物理传感器和化学传感器。物理传感器可将物理变化（如压力、温度、速度和磁场的变化）转换成变化的电信号，化学传感器主要依据化学吸附、电化学反应等原理，将被测量的微小变化转换成变化的电信号。如果将人的眼睛、耳朵和皮肤看作是物理传感器，那么舌头、鼻子就是化学传感器。常见的传感器有热释电人体红外线传感器、霍尔传感器和热电偶等。

八、集成电路

将许多电阻、二极管和三极管等元器件以电路的形式制作在半导体硅片上，然后接出引脚并封装起来，就构成了集成电路（IC）。集成电路简称为集成块，又称芯片。LM324 就是一种常见的放大集成电路，图 1-48（a）所示是 LM324 的两种外部封装形式，集成电路封装形式多样，但贴片类封装体积小，应用更广泛。其内部电路如图 1-49 所示。

由于集成电路内部结构复杂，对于大多数人来说，可不用了解其内部电路的具体结构，只需知道集成电路的用途和各引脚的功能。单个集成电路是无法工作的，需要加接相应的外围元器件并提供电源它才能工作。

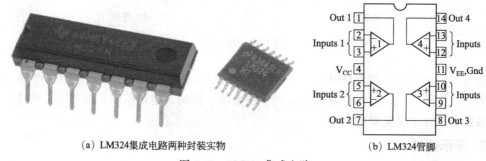

（a）LM324集成电路两种封装实物 （b）LM324管脚

图 1-48 LM324 集成电路

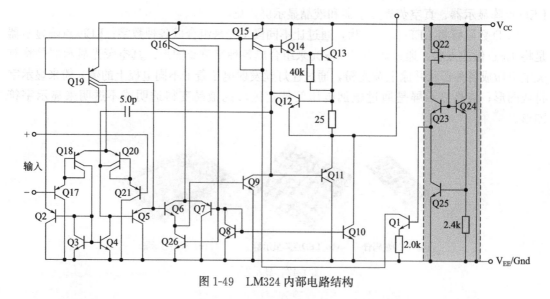

图 1-49 LM324 内部电路结构

1. 分类

集成电路的种类很多，其分类方式也很多，这里介绍几种主要分类方式。

（1）按集成电路所体现的功能来分 可分为模拟集成电路、数字集成分类电路、接口电路和特殊电路 4 类。

（2）按有源器件类型分 可分为双极型、单极型及双极-单极混合型 3 种。

双极型集成电路内部主要采用二极管和三极管。单极型集成电路内部主要采用 MOS 管。它又可分为 PMOS、NMOS 和 CMOS 电路。单极型集成电路输入阻抗高、功耗小、工艺简单、集成密度高，易于大规模集成。

（3）按集成电路的集成度来分 可分为小规模集成电路（SSI）、中规模集成电路（MSI）、大规模集成电路（LSI）和超大规模集成电路（VLSI）。

对于数字集成电路来说，小规模集成电路是指集成度为 1～12 门/片或 10～100 个元器件/片的集成电路，它主要是逻辑单元电路，如各种逻辑门电路、集成触发器等。

中规模集成电路是指集成度为 13～99 门/片或 100～1000 个元器件/片的集成电路，它是逻辑功能部件，如编码器、译码器、数据选择器、数据分配器、计数器、寄存器、算术逻辑运算部件、A/D 和 D/A 转换器等。

大规模集成电路是指集成度为 100～1000 门/片或 1000～100000 个元器件/片的集成电路，它是数字逻辑系统，如微型计算机使用的 CPU、存储器（ROM、RAM）和各种接口电路（PIO、CTC）等。

超大规模集成电路是指集成度大于 1000 门/片或 105 个元器件/片的集成电路，它是高集成度的数字逻辑系统，如各种型号的单片机，就是在一处硅片上集成了一个完整的微型计算机。

对于模拟集成电路来说，由于工艺要求高，电路又复杂，故通常将集成 50 个以下元器件的集成电路称为小规模集成电路，集成 50～100 个元器件的集成电路称为中规模集成电路，集成 100 个以上元器件的集成电路称为大规模集成电路。

2. 管脚识别方法

集成电路的引脚很多，少则几个，多则几百个，各个引脚的功能不一样，所以在使用时一定要对号入座，否则会造成集成电路不工作甚至烧坏。

不管什么集成电路，它们都有一个标记指出①脚，常见的标记有小圆点、小凸起、缺口、缺角，找到该脚后，逆时针依次为②、③、④等脚，如图 1-50（a）所示。对于单列或双列引脚的集成电路，若表面标有文字，可让文字正对着读者，文字左下角为①脚，然后逆时针依次为②、③、④等脚，如图 1-50（b）所示。

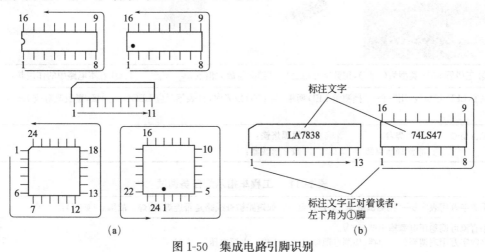

图 1-50 集成电路引脚识别

【任务评估】

1. 掌握电阻、电容、电感、二极管、三极管的识读方法。
2. 掌握电阻、电容、电感、二极管、三极管的代号、单位和图形符号。
3. 掌握典型应用电路。
4. 掌握数字万用表的测量方法。
5. 掌握集成电路的管脚识别。

◢ 任务二　工程车指示灯

【任务描述】

图 1-51　工程车

生活中，有些专业的工程车在车的尾部有安全提示灯闪烁（例如道路维修检测车的左右箭头指示），如图 1-51 所示。要求学生通过查阅资料，了解电路原理图中各种集成电路管脚功能、电子元器件的应用原理，能够分析原理图的工作原理，掌握电路板焊接技术、电路检测与调试。

【计划与实施】

1. 完成任务单，见表 1-10。
2. 根据任务原理图，遵循焊接工艺完成万能板焊接。
3. 万能板焊接完毕后，按照表 1-11 完成调试。

表 1-10　工程车指示灯任务单

(1)根据任务原理图，填写材料清单，并依据清单领料。

说明：其中"5V"为外加直流稳压电源。

元件代号	C1						万能板
元件类型	电解电容						
元件型号	10μF						10×8(cm)
元件数量	1						1

(2)　a.标出集成电路U1的管脚号　　b.标出C1的极性　　c.标出Q1管脚

(3)Q1 三极管 9013 类型为（　　），用数字万用表"　　"挡测量放大倍数 h_{FE}=（　　）；Q1 在本电路中的作用是：

(4)判断 LED 正负极：用"→⊢"挡测量 LED 两极，当 LED 发光时，红表笔对应 LED（　　）极，黑表笔对应 LED（　　）极。

(5)设备型号　　热风焊台：　　　　恒温烙铁：
　　　　　　　　直流稳压电源：　　　数字示波器：

表 1- 11　工程车指示灯任务调试

(1)用数字万用表"→⊢"挡测试电源 5V 是否短路？如短路检查线路是否连焊、错焊。故障点（如有）：

(2)用直流可调稳压电源输出调至 5V。
注：将数字万用表调至（　　）挡，检测电源输出是否正确。电源电压：　　　V

(3)将直流稳压电源加至万能板的正负极引出线，观察两个 LED 应该同时闪烁。调节电位器（可变电阻器）旋钮，会改变 LED 闪烁间隔，将间隔时间调至 0.5s。

(4)如果万能板功能不正常，应先测量 U1-14 脚对电源负极的电压，如果电压正常，则进一步查验电路连接、元件是否正常。

(5)测试电路输出波形。将示波器探头的地线同电源负极相连，探针测试 U1-2 脚，按示波器"Auto"按钮，波形应如图 1-52(c)所示。

【任务资讯】

一、工程车指示灯任务实物图及输出波形

如图 1-52 所示，所有元件安装在万能板（一种用于实验的电路板，有焊盘，一般是独立焊盘，没有连线）上，通过焊锡或导线进行线路连接。电源正极引出一根红线，负极引出一根蓝线，以便外接直流 5V 电源。

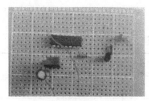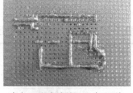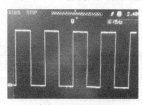

（a）万能板安装面（正面）　（b）万能板焊接面（反面）　（c）U1-2输出波形

图 1-52　工程车任务实物图及输出波形

二、工程车指示灯任务原理图

工程车指示灯任务原理图如图 1-53 所示。

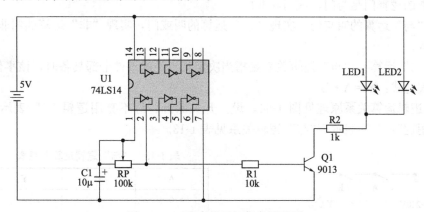

图 1-53　工程车指示灯任务原理图

如图 1-53 所示，集成电路 U1 的 1 组施密特触发反相器和电位器 RP、电解电容 C1 构成多谐振荡电路，振荡频率与 RP、C1 容量的乘积比例相关，调整二者的值可改变输出方波的频率。晶体三极管 Q1 在本电路起到电子开关的作用，控制 LED 的亮、灭。当 U1-2 脚输出的方波为高电平时，Q1 饱和导通，LED 亮；当 U1-2 脚输出的方波为低电平时，Q1 截止，LED 灭。R1、R2 为限流电阻。

三、集成电路 74LS14

集成电路 74LS14 是六施密特触发反相器，是数字集成电路，在介绍该芯片前，让我们先了解一下数字电路和门电路。

1. 数字电路和模拟电路

模拟信号是关于时间的函数，是一个连续变化的量，比如语音信号、温度信号。在一个信号处理中，信号的采集，信号的恢复都是模拟信号。

数字信号则是离散的量。在一个信号处理中，中间部分信号的处理可以是数字处理。在

数字信号中只有两种状态，分别用"0"和"1"表示，代表"通、断""真、假"及"高电平、低电平"。

2. 数字电路的高电平和低电平

数字电路的高、低电平是以模拟信号为基础定义的。但是，数字电路的高电平并不等同于电源电压，低电平也不等同于 0V，实际上是有一定的电压范围。

数字电路基本上分 TTL 和 CMOS 电路两种，二者的门限电压不同，具体定义见表1-12。

表 1-12　数字电路门限电压

电路类型	输入		输出		电源电压
	高电平"1"	低电平"0"	高电平"1"	低电平"0"	
TTL 电路	>2.0V	<0.8V	>2.4V	<0.4V	5V
CMOS 电路	>3.5V	<1.5V	>4.99V	<0.01V	5V

3. 数字电路中的门电路

实现基本和常用逻辑运算的电子电路，叫逻辑门电路。最基本的逻辑关系是与、或、非，最基本的逻辑门是与门、或门和非门。

实现"与"运算的叫与门，实现"或"运算的叫或门，实现"非"运算的叫非门，也叫作反相器等。

(1)"与"运算　"与"逻辑关系是指当决定某事件的条件全部具备时，该事件才发生。

逻辑表达式：$Y = A \cdot B$

"与"逻辑运算关系原理见图 1-54，设：开关断开、灯不亮用逻辑"0"表示，开关闭合、灯亮用逻辑"1"表示。"与"逻辑关系见表 1-13。

图 1-54　"与"逻辑运算
关系示意图

表 1-13　"与"逻辑运算关系表

A	B	Y
0	0	0
1	0	1
0	1	1
1	1	1

(2)"或"运算　"或"逻辑关系是指当决定某事件的条件之一具备时，该事件就发生。

逻辑表达式：$Y = A + B$

"或"逻辑运算关系原理见图 1-55，"或"逻辑关系表见表 1-14。

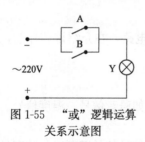

图 1-55　"或"逻辑运算
关系示意图

表 1-14　"或"逻辑运算关系表

A	Y
0	1
1	0

（3）"非"运算 "非"逻辑关系是相反事件。

逻辑表达式：$Y=\overline{A}$

"非"逻辑运算关系原理见图1-56，"非"逻辑关系表见表1-15。

图1-56 "非"逻辑运算
关系示意图

表1-15 "非"逻辑运算关系表

A	B	Y
0	0	0
1	0	0
0	1	0
1	1	1

4. 集成电路74LS14的管脚图、内部结构图及逻辑功能表

集成电路74LS14的内部结构管脚图如图1-57所示，逻辑功能如表1-16所示。

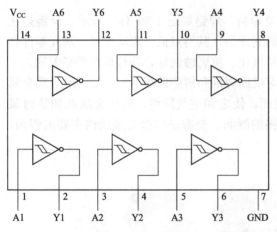

图1-57 集成电路74LS14的内部结构及管脚图

表1-16 逻辑功能
$Y=\overline{A}$

A	Y
L	H
H	L

注：表1-16中"L"代表低电平，"0"；"H"代表高电平，"1"。

如图1-57所示，集成电路74LS14的14脚VCC为电源正极输入，7脚GND为电源负极输入，包括6个反相器（或者非门）。

集成电路74LS14在电路中的作用：一组反相器同电位器RP和电容C1构成自激振荡回路，假设初始状态U1的1脚为低电平，则2脚输出高电平，这时，2脚通过RP向电容C1充电，C1电压升高，当电压高过"1"的阈值电压时，电平翻转，2脚输出高电平，1脚为低电平，则此时，电容开始对经RP对2脚放电，1脚电压降低，当小于低电平的阈值电压时，电平再次翻转，如此反复循环，形成自激振荡。

四、焊接技术

1. PCB（印制电路板）

PCB（Printed Circuit Board），中文名称为印制电路板，又称印刷线路板，是重要的电子部件，是电子元器件的支撑体，是电子元器件电气连接的载体。由于它是采用电子印刷术制作的，故被称为"印刷"电路板，如图1-58所示。

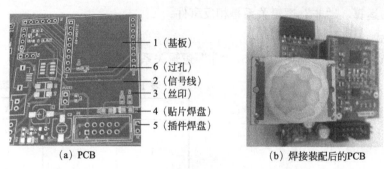

1（基板）
6（过孔）
2（信号线）
3（丝印）
4（贴片焊盘）
5（插件焊盘）

（a）PCB   （b）焊接装配后的PCB

图 1-58　印制电路板

PCB 分单层板、双层板和多层板。当电路比较复杂，信号信较多，一般采用多层板设计，如计算机主板一般为 8～10 层。如图 1-58（a）所示 PCB 为双层板，图示为顶层信号层，绝缘基板上面有信号线、丝印、焊盘等，信号线为导电铜箔，外层覆盖绝缘绿油。多层板包含多个信号层，所有信号层压叠在一起，层与层之间通过导电过孔连接信号。

2. 手工焊接的工具及要求

（1）焊料　焊锡是电子产品焊接采用的主要焊料。焊锡如图 1-59（a）所示。焊锡是在易熔金属锡中加入一定比例的铅和少量其他金属制成的，其熔点低、流动性好、对元器件和导线的附着力强、机械强度高、导电性好、不易氧化、抗腐蚀性好，并且焊点光亮美观。

（2）助焊剂　助焊剂可分为无机助焊剂、有机助焊剂和树脂助焊剂，它能溶解去除金属表面的氧化物，并在焊接加热时包围金属的表面，使之和空气隔绝，防止金属在加热时氧化，另外还能降低焊锡的表面张力，有利于焊锡的湿润。松香是焊接时采用的主要助焊剂，松香如图 1-59（b）所示。

（a）焊锡   （b）松香

图 1-59　焊料和助焊剂

（3）电烙铁　电烙铁实物如图 1-60 所示。

图 1-60　电烙铁

烙铁使用注意事项：

① 手工焊接使用的电烙铁需带防静电接地线，焊接时接地线必须可靠接地，防静电恒

温电烙铁插头的接地端必须可靠接交流电源保护地。

②　烙铁使用时，温度不应长时间超过 400℃，正常 370℃以下为宜。烙铁头不能磕碰，手柄中的发热芯，很容易因为敲击而碎裂。

③　烙铁头不要接触到塑料、润滑油、橡胶等化合物。使用的锡丝也需要一定的纯度，杂质大的锡丝对焊接效果的影响很大。

④　烙铁头的大小与热容量成正比，在实际的维修中，"刀头"（K 型）烙铁较常用。如果焊接 CPU 针等细小的部分，则多选用"圆锥形"烙铁。总之，烙铁头的尺寸以不影响周边的元器件为标准，以提高焊接效率。

⑤　应该调整到合适的温度，根据不同的工作要求、特点调整电烙铁的温度；选择尽可能低之温度［如一些塑胶件、薄膜电容等温度敏感元件的温度选在 200～250℃；一般元器件可选在（300±50）℃；工艺指引有规定的按工艺要求进行］。

⑥　打开电源开关时要给电烙铁预热至温度稳定后（发热器指示灯不断闪亮）方可进行焊接；在拆焊过程中，注意保护周边元器件的安全。

⑦　及时清理烙铁头，防止因为氧化物和碳化物损害烙铁头而导致焊接不良，定时给烙铁上锡。如果烙铁头变形受损或衍生重锈不上锡时，必须替换新的。

⑧　烙铁不用的时候应当及时关闭电源，防止因长时间的空烧损坏烙铁头。

⑨　烙铁放入烙铁支架后应能保持稳定、无下垂趋势，护圈能罩住烙铁的全部发热部位。支架上的清洁海绵加适量清水，使海绵湿润不滴水为宜。

（4）烙铁使用步骤及方法

使用步骤：

a. 将电源开关切换至 ON 位置。

b. 调整温度调整钮至 200℃，待显示屏上所显示的温度稳定后，再调至所需的工作温度，待显示温度基本稳定后可以开始使用。

焊接五步法：焊接五步法如图 1-61 所示。

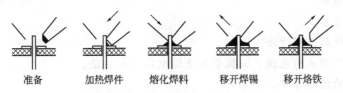

图 1-61　焊接五步法

①　准备。准备好焊锡丝和烙铁。此时特别强调的是烙铁头部要保持干净，即可以沾上焊锡（俗称吃锡）。

②　加热焊件。将烙铁接触焊接点，注意首先要保持烙铁加热焊件各部分，例如印制板上引线和焊盘都使之受热，其次要注意让烙铁头的扁平部分（较大部分）接触热容量较大的焊件，烙铁头的侧面或边缘部分接触热容量较小的焊件，以保持焊件均匀受热。

③　熔化焊料。当焊件加热到能熔化焊料的温度后将焊丝置于焊点，焊料开始熔化并润湿焊点。

④　移开焊锡。当熔化一定量的焊锡后将焊锡丝移开。

⑤　移开烙铁。当焊锡完全润湿焊点后移开烙铁，注意移开烙铁的方向应该是大致 45°的方向。

（5）焊点要求　对焊点的质量要求，应该包括电气接触良好、机械接触牢固和外表美观三个方面，保证焊点质量最关键的一点，就是必须避免虚焊。虚焊是指焊料与被焊物表面没有形成合金结构，只是简单地依附在被焊金属的表面上，虚焊会导致电路工作不稳定或不正常。

① 焊点虚焊现象。虚焊现象如图 1-62 所示。

焊接时预热一定要充分，烙铁头应置于引线和印制板的交接处进行预热。图 1-62（a）为元件引线预热不足引起，图 1-62（b）为印制板预热不足引起。

② 典型焊点的外观。典型焊点如图 1-63 所示。

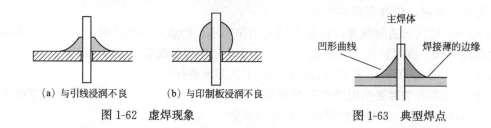

（a）与引线浸润不良　（b）与印制板浸润不良	
图 1-62　虚焊现象	图 1-63　典型焊点

典型焊点的共同特点如下。

a. 外形以焊接导线为中心，匀称、成裙形拉开。

b. 焊料的连接呈半弓形凹面，焊料与焊件交界处平滑，接触角尽可能小。

c. 表面有光泽且平滑。

d. 无裂纹、针孔、夹渣。

焊点的外观检查除用目测（或借助放大镜、显微镜观测）焊点是否合乎上述标准以外，还包括以下几个方面焊接质量的检查：漏焊；焊料拉尖；焊料引起导线间短路（即"桥接"）；导线及元器件绝缘的损伤；布线整形；焊料飞溅。检查时，除目测外，还要用指触、镊子点拨动、拉线等办法检查有无导线断线、焊盘剥离等缺陷。

【任务评估】

1. 掌握电路原理。

2. 掌握焊接步骤。

3. 掌握电烙铁的使用方法。

4. 掌握数字万用表的电阻、三极管及直流电压测试方法。

5. 掌握电路的检测方法。

项目二　智能终端产品设计入门

【项目概述】

目前智能电子产品基本上都是基于物联网、互联网系统而设计，即作为网络终端而存在。本项目着重介绍智能终端产品设计的入门知识，一共包括三个任务，任务一用来了解智能电子产品的开发过程。任务二用来学习 CC2530 单片机的基本知识。任务三用来了解单片机的开发平台——IAR 集成开发系统。通过这三个任务的学习，使学生掌握智能终端，熟悉相关工具仪器的使用，为后续的学习提供最基本的理论基础和操作技能。

【项目目标】

知识目标

1. 理解智能终端产品的开发过程。

2. 理解单片机的概念和特点。

3. 了解单片机的内部结构原理。

4. 掌握单片机的基本开发方法。

5. 了解单片机开发的语言和工具。

技能目标

1. 能够使用 IAR 编程环境建立 CC2530 开发项目。

2. 能够下载和运行 CC2530 单片机程序。

素质目标

1. 具备开阔、灵活的思维能力。

2. 具备积极、主动的探索精神。

3. 具备严谨、细致的工作态度。

任务一　智能终端设备的开发流程

【任务描述】

在目前物联网技术广泛应用的背景下，智能电子设备基本上都是作为网络终端而存在的。了解智能终端的开发原理和过程，了解开发方法和开发平台工具。

【计划与实施】

1. 完成智能终端开发流程任务书，见表 2-1。

表 2-1　了解智能终端任务书

(1)智能手环属于智能终端的一种,它具备什么功能和特点?
(2)智能终端的特点?
(3)简述智能终端系统的组成?
(4)CC2530 是哪个公司的单片机? 是几位单片机?

2. 你所了解的智能终端设备有哪些?

【任务资讯】

一、什么是智能终端设备

一般而言,智能终端是一类嵌入了微型计算机系统的电子设备,因此其体系结构框架与嵌入式系统体系结构是一致的;同时,智能终端作为嵌入式系统的一个应用方向,其应用场景设定较为明确,因此,其体系结构比普通嵌入式系统结构更加明确,粒度更细,且拥有一些自身的特点。智能终端可以利用移动和联通遍布全国的 GSM 网络、互联网进行数据传输。利用通信实现远程报警、遥控、遥测三大功能,尤其是 GSM 短信息,灵活方便,可以跨市、跨省甚至跨国传送,非常可靠廉价。

智能终端设备用于状态监测(如温度、湿度、压力和气体检测等),用于火灾、防盗等报警,设备故障上报和远程遥控等。智能终端设备应用极其广泛,如可穿戴设备,物联网应用系统,工业自动控制等,如图 2-1 所示,分别为智能终端设备在智能家居系统和智慧农业系统中的应用。

(a) 智能家居系统　　　　　　　　　　(b) 智慧农业系统

图 2-1　智能终端的应用

二、智能终端的特点

(1) 智能性。能自动处理信息、信息收发、声光电指示等。

（2）可以进行无线通信。一般可通过无线通信接入网络，便于遥信和遥控。

（3）微型化、低功耗，节能环保。智能终端设备具有移动便携的特点，往往采用电池供电，对低功耗的要求较高，设备越来越轻薄灵巧。

三、智能终端系统组成

智能终端系统是以单片机为核心，配以输入、输出、显示、控制等外围接口电路和软件，能实现一种或多种功能的实用系统。智能终端系统是由硬件和软件组成，硬件是应用系统的基础，软件是在硬件的基础上对其资源进行合理调配和使用，从而完成应用系统所要求的任务，二者相互依赖，缺一不可，智能终端系统组成框图如图 2-2 所示。

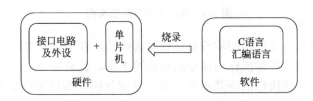

图 2-2　智能终端系统组成框图

（1）什么是单片机　单片机是指集成在一个芯片上的微型计算机，也就是把组成微型计算机的各种功能部件，包括 CPU、随机存取存储器 RAM（Random Access Memory）、只读存储器 ROM（Read-only Memory）、基本输入/输出（Input/Output）接口电路、定时器/计数器等部件制作在一块集成芯片上，构成一个完整的微型计算机，从而实现微型计算机的基本功能。

单片机实质上是一个硬件的芯片，在实际应用中，通常很难直接和被控对象进行电气连接，必须外加各种扩展接口电路、外部设备、被控对象等硬件和软件，才能构成一个单片机应用系统。这些电路能在软件的控制下准确、迅速、高效地完成程序设计者事先规定的任务。

单片机的使用领域已十分广泛，如智能仪表、实时工控、通信设备、导航系统、家用电器等。各种产品一旦用上了单片机，就能起到使产品升级换代的功效，常在产品名称前冠以形容词——"智能型"，如智能型洗衣机等。

（2）单片机的发展历史和分类　单片机（Microcontrollers）诞生于 1971 年，经历了 SCM、MCU、SoC 三大阶段，早期的 SCM 单片机都是 8 位或 4 位的。其中最成功的是 INTEL 的 8051，此后在 8051 上发展出了 MCS51 系列 MCU 系统。基于这一系统的单片机系统直到现在还在广泛使用。随着工业控制领域要求的提高，开始出现了 16 位单片机，但因为性价比不理想并未得到很广泛的应用。20 世纪 90 年代后，随着消费电子产品大发展，单片机技术得到了巨大提高。随着 INTEL i960 系列特别是后来的 ARM 系列的广泛应用，32 位单片机迅速取代 16 位单片机的高端地位，并且进入主流市场。

单片机现在可谓是铺天盖地，种类繁多，让开发者们应接不暇，发展也是相当的迅速，从 20 世纪 80 年代，由当时的 4 位、8 位发展到现在的各种高速单片机，各个单片机生产厂商们也在速度、内存、功能上此起彼伏，参差不齐，同时涌现出一大批拥有代表性单片机的厂商，如 Atmel、TI、ST、MicroChip、ARM 等，目前，国内的宏晶 STC 单片机性能和稳定性也有了极大的提高。各种类型的单片机如图 2-3 所示。

本书注重介绍的单片机为 TI（德州仪器）公司的 CC2530 单片机，为 8 位机。

(a)

(b)

图 2-3 各种类型单片机实物

（3）单片机的软件　单片机的软件是由程序构成的，程序又是由指令构成的。

把要求单片机执行的各种操作用命令的形式写下来，就是指令。一条指令，对应着一定的基本操作。单片机所能执行的全部指令（为二进制代码，即机器语言代码），就是该单片机的指令系统（Iustruction Set）。每种单片机都有自己独特的指令系统，指令系统是单片机开发厂商和生产厂商规定的，要使用某种单片机，用户就必须理解和遵循它的指令标准。

① 源程序。使用单片机时，事先应当把要解决的问题编成一系列程序。这些程序必须是选定的单片机能识别和执行的指令构成的。单片机用户为解决自己的问题所编的程序，称为源程序（Source Program）。

② 汇编语言程序。因为单片机是一种可编程器件，只"认得"二进制码"0""1"，单片机系统中的所有指令，都必须以二进制编码的形式来表示。由一连串的 0 和 1 组成的机器码，没有明显的特征，不好记忆、不易理解，所以，直接用它来编写程序十分困难。因而，人们就用一些助记符（Mue Monic）——通常是指令功能的英文缩写来代替操作码，如 MCS-51 系列单片机中数据的传送常用 MOV（Move 的缩写）、加法用 ADD（Addition 的缩写）作为助记符。这样，每条指令有明显的动作特征，易于记忆和理解，也不容易出错。用助记符来编写的程序称为汇编语言程序。因为基本上汇编语言指令同机器语言一一对应，所以单片机指令系统通常用汇编语言来描述。

③ 高级语言程序。汇编语言程序虽然较二进制机器码容易阅读和编写，但还是不如高级语言更接近我们的自然语言。C 语言是一种高级语言，使用 C 语言，编程人员可以仿照自然语言的书写形式完成程序的编写，降低了程序开发的门槛。另外，单片机的 C 语言还具有可移植性好，易懂易用的特点。

④ 编译。将用高级语言编写的用户程序翻译成某个具体的微处理器的机器语言程序（这个过程称为编译）的软件，称为编译器。C 编译器就是一种能把 C 语言转换成某个具体的单片机机器语言的编译工具。由于单片机只认识二进制机器代码。为了让单片机读懂程序，使用汇编指令编写的程序，也必须再转换成由二进制机器码构成的文件。

⑤ 烧录。由机器码构成的用户程序只有"进入"了单片机，再"启动"单片机，它才可能完成用户程序所规定的任务。用烧录器（也称编程器）把机器码构成的用户程序装入单片机程序存储器的过程，称为烧录。

四、单片机的硬件和软件的关系

如果把单片机系统比作是人体系统，那么硬件犹如人类的血肉之躯，软件就像是人的大脑思维。没有硬件，单片机系统就像人类四肢瘫痪，只能思考一些问题，但是无法进行操作。没有软件，系统就像植物人，空有躯体，却不能做最基本的动作。只有硬件和软件都是正常的系统，才是良好的单片机系统。

那么，软件的实质是什么呢？软件的实质就是电信号。比如，用"1"代表高电平，"0"代表低电平等，用这些电信号去控制硬件电路的通断，靠硬件电路的通断来控制硬件或者外设的工作，达到设计者的目的。

单片机的硬件和软件的关系可以这样描述：一种是单片机软件通过指令改变单片机引脚上的高低电平信息，从而改变连接在单片机引脚上的电路的工作状态；另一种是单片机软件通过读取单片机一部分引脚上的信息，改变单片机另一部分引脚上的高低电平信息，从而改变电路的工作状态。

任务二　CC2530 单片机基础知识介绍

【任务描述】

了解一款单片机——CC2530。了解 CC2530 的内部结构，并掌握其工作的最小系统。

【计划与实施】

完成智能终端开发流程任务书，见表 2-2。

表 2-2　CC2530 基础知识任务书

(1)标出 CC2530 芯片的管脚号，结合图 2-6(b)，画出最小系统的外接电路。

(2)简述 CC2530 芯片内部结构。

【任务资讯】

一、什么是 CC2530

CC2530 是一款系列单片机，属于美国 TI（德州仪器）公司生产的片上系统（简称 SOC）级别的单片机，其基于 8 位增强型 8051 内核，是 2.4GHz 无线通信系统的专业解决方案。利用 CC2530 单片机应用系统可以很容易建立基于 IEEE 802.15.4 标准协议（ZigBee 低功耗局域网协议）的局域网。

CC2530 单片机的实物图和管脚图如图 2-4 所示。

二、CC2530 单片机的内部结构

CC2530 单片机内部结构框图如图 2-5 所示。

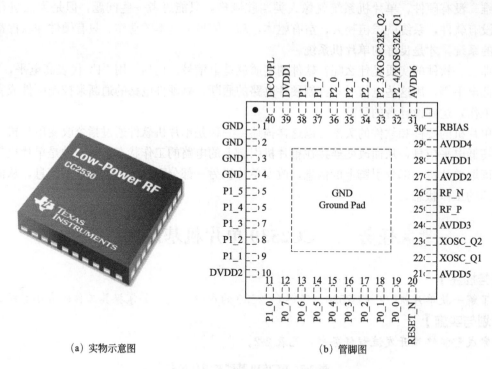

（a）实物示意图 （b）管脚图

图 2-4 CC2530 单片机实物与管脚示意图

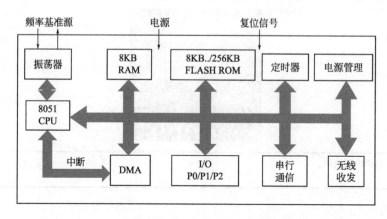

图 2-5 CC2530 内部结构框图

（1）中央处理器 CPU 基于增强型 8051 内核的中央处理器，包括运算器、控制器和寄存器组 3 个部分。

运算器：运算器是计算机的运算部件，用于实现算术和逻辑运算。计算机的数据运算和处理都在这里进行。通常运算器由算术/逻辑运算单元 ALU、累加器 A、暂存寄存器、标志寄存器 F 等组成。

控制器：计算机的控制器由指令寄存器 IR、指令译码器 ID、定时及控制逻辑电路和程序计数器 PC 等组成，它控制使计算机各部分自动、协调地工作。控制器按照指定的顺序从程序存储器中取出指令进行译码并根据译码结果发出相应的控制信号，从而完成该指令所规定的任务。

　　寄存器组：寄存器组作为 CPU 内部的暂存单元至关重要，它是 CPU 处理数据所必需的一个存取空间，其多少直接影响着微机系统处理数据的能力和速度。

　　（2）存储器　存储器是计算机存放程序或数据的器件，它由若干存储单元组成。存储器又分程序存储器和数据存储器。

　　程序存储器：存放程序的存储器采用只读存储器（ROM），掉电数据不丢失，但存储速度相对较慢，例如电脑用的硬盘。目前市场上 ROM 比较常见的类型是 FLASH（闪存）存储器，CC2530 系列单片机 FLASH ROM 容量从 8KB 到 256KB。

　　数据存储器：存放数据的存储器采用易失性存储器（RAM），掉电数据丢失，但存储速度相对较快，例如电脑里的内存条。CC2530 系列单片机 RAM 容量为 8KB。

知识小问答

　　1. 问：什么是位（Bit）？

　　答：计算机所能表示的最小的数字单位，即二进制数的位。通常每位只有 2 种状态 0、1。

　　2. 问：什么是字节（Byte）？

　　答：8 位（Bit）为 1 个字节，是内存的基本单位，常用 B 表示。

　　3. 问：什么是字（Word）？

　　答：16 位二进制数称为 1 个字，1 个字等于 2 个字节。

　　4. 问：什么是字长？

　　答：答字长即字的长度，是一次可以并行处理的数据的位数，即数据线的条数。常与 CPU 内部的寄存器、运算器、总线宽度一致。常用微型计算机字长有 8 位、16 位和 32 位。

　　5. 问：常见的二进制数量单位有哪些，它们是什么关系？

　　答：K（千，Kilo 的符号），$1K=1024$，如 1KB 表示 1024 个字节；

　　M（兆，Million 的符号），$1M=1K \times 1K$；

　　G（吉，Giga 的符号），$1G=1K \times 1M$；

　　T（太，Tera 的符号），$1T=1M \times 1M$。

　　（3）工作频率（MHz）　工作频率的高低决定单片机工作的速度。一般情况下工作频率越高，单片机的执行速度越快。设备有两个高频振荡器：32MHz 晶振和 16MHz RC 振荡器；两个低频振荡器：32kHz 晶振和 32kHz RC 振荡器。

　　CC2530 为单时钟周期单指令周期的增强型 8051 单片机内核，但指令周期可达到 31.25ns。

　　（4）I/O（input/output）端口　有 21 个数字输入/输出引脚，可以配置为通用数字 I/O 或外设 I/O 信号，配置为连接到 ADC（模拟数字量转换）、定时器或 USART（串口通信）外设。这些 I/O 口的用途可以通过一系列寄存器配置，由用户软件加以实现。

　　（5）定时/计数器　在单片机应用系统中，常常要求有一些实时时钟，以实现定时或延时控制，如定时检测、定时扫描等；还要求有计数器对外部事件计数，如对外来脉冲的计数等。CC2530 定时器/计数器资源丰富，包括：1 个 16 位、2 个 8 位通用定时器，MAC 定时器（主要用于为 802.15.4 CSMA-CA 算法提供定时），睡眠定时器（睡眠低功耗状态唤醒），看门狗定时器（WDT，避免干扰状态下死机而复位）。

　　（6）串行通信　USART0 和 USART1 是串行通信接口，它们能够分别运行于异步 UART 模式或者同步 SPI 模式。两个 USART 具有同样的功能，可以设置在单独的 I/O 引脚。

（7）DMA　直接存取访问（DMA）控制器可以用来减轻 8051CPU 内核传送数据操作的负担，从而实现在高效利用电源的条件下的高性能。只需要 CPU 极少的干预，DMA 控制器就可以将数据从诸如 ADC 或 RF 收发器的外设单元传送到存储器。

（8）电源管理模块　低功耗运行是通过不同的运行模式（供电模式）使能的。各种运行模式指的是主动模式、空闲模式和供电模式 1、2 和 3（PM1～PM3）。超低功耗运行的实现通过关闭电源模块以避免静态（泄漏）功耗，还通过使用门控时钟和关闭振荡器来降低动态功耗。

（9）无线收发（RF）模块　RF 内核控制模拟无线电模块。另外，它在 MCU 和无线电之间提供一个接口，这可以发出命令、读取状态和自动对无线电事件排序。

（10）ADC（数/模转换）　CC2530 的 I/O 口可配置为 ADC 模块输入，支持 14 位的模拟数字转换。它包括一个模拟多路转换器，具有多达 8 个各自可配置的通道，以及一个参考电压发生器，转换结果通过 DMA 写入存储器，还具有若干运行模式。

CC2530 内部各功能模块通过内部总线与 8051CPU 内核进行数据传输。

三、CC2530 单片机的最小工作系统

单片机实质上是一个芯片，在实际应用中通常很难直接把单片机和受控对象进行电气连接，而是必须外加各种扩展接口电路以致外部设备，连同受控对象和单片机程序软件构成一个单片机应用系统，能够保证单片机基本功能运行的最少接口电路称为"最小工作系统"。

如图 2-6 所示，图 2-6（a）为单片机最小工作系统的原理框图，外围接口电路包括：电源处理电路（单片机供电电压为 3V）、复位电路、晶振电路和无线收发前端（可不用此功能）。

图 2-6（b）为最小系统的实际原理图，说明如下。

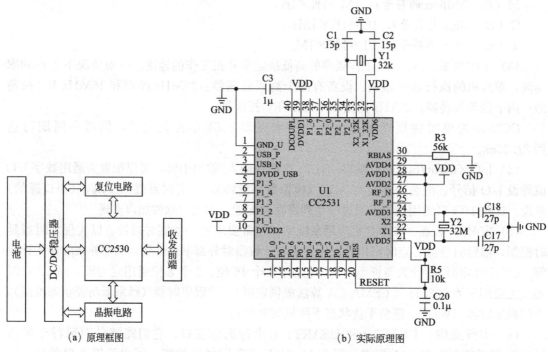

（a）原理框图　　　　　　　　　　（b）实际原理图

图 2-6　CC2530 单片机最小工作系统图

（1）电源供电　所有标号"VDD"接点代表连接到电源正极，所有标号"GND"接点代表连接到电源负极。

芯片电源正极接入管脚：16、21、24、27、28、29、31、39。

芯片电源负极接入管脚：芯片背面直接接地。

注：芯片 1～4 为 CC2531 单片机特有的 USB 接口，CC2530 该四脚为空。

（2）复位电路　正确的上电复位信号是单片机运行的保证，CC2530 的复位信号为低电平。

芯片复位信号接入管脚：20。

外接元件电阻 R5 和 C20 构成简单的阻容复位电路，其复位原理如图 2-7 所示：上电瞬间，电容 C20 快速充电，相当于对地（GND）短路，芯片 20 脚为低电平，芯片进行复位，随着电容充电，20 脚的电压逐渐升高，当高于门限电压时，复位结束，芯片进入正常工作状态。

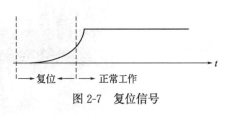

图 2-7　复位信号

（3）晶振电路　高频晶振电路：芯片接入管脚：22、23。

外接电路元件：晶振 Y2（32MHz）、补偿电容 C17、C18（27pF）。

低频晶振电路：芯片接入管脚：32、33。

外接电路元件：晶振 Y1（32768Hz）、补偿电容 C1、C2（15pF）。

┗ 任务三　开发一个程序

【任务描述】

了解单片机的开发流程，熟悉 IAR 集成开发系统，能够建立和配置单片机软件开发环境。初步了解单片机程序的基本结构，下载、仿真调试方法。

【计划与实施】

1. 完成开发一个程序任务书，见表 2-3。

表 2-3　开发一个程序任务书

（1）画出开发系统的文件结构。
（2）说明两种仿真模式配置和运行的区别。 模拟仿真： 实时仿真：
（3）每个项目里可以有（　）主函数，程序文件是由（　　　）组成的，单片机上电复位之后运行的第一步就是（　　　　）。

2. 新建工作空间、项目和程序文件，并进行参数配置，所有的文件存于 D：\ 班级 \ 小组 \ 目录下。

3. 电脑、仿真器和显示板（本次任务实验板）按图 2-8（a）连接好。将例程输入或复制到程序文件中，编译、下载。掌握全速和断点两种运行方式，可在仿真模式下查看变量"tt"的数值。

【任务资讯】

一、软件开发流程

智能终端产品开发，在进行硬件设计、样机装配和调试后，需要根据功能进行软件设计及调试，软件开发流程如图 2-8 所示，其中图 2-8（a）为软件开发实际情景，图 2-8（b）为软件开发下载流程。

(a) 软件开发实际情景

(b) 软件开发下载流程

图 2-8　单片机软件开发流程

如图 2-8（a）显示板 2 通过仿真器 1 Smart RF04EB 与电脑的 USB 串口相连，电脑通过 IAR Embedded Workbench 单片机集成软件开发平台进行源程序编写、编译，最后通过仿真器将编译后的机器代码下载到 CC2530 单片机的程序存储器中。

如图 2-8（b）所示，源程序需编译成机器代码下载到芯片中，整个过程都可以通过 IAR Embedded Workbench（简称 IAR）单片机集成软件开发平台完成。

IAR 是一个功能强大的开发软件：具备程序编写、编译、下载和在线实时仿真功能，可追踪软件的运行状态，便于程序调试，极大地缩短了产品开发时间。

二、建立和设置 IAR 软件开发环境

IAR 软件是众多单片机应用开发的优秀软件之一，它负责编辑用户程序，把用户程序编译成能够装载进入单片机的机器代码文件，支持汇编语言和 C 语言的程序设计，界面友好，易学易用。开发环境架构（文件结构）如图 2-9 所示。

图 2-9　IAR 开发环境架构

如图 2-9 所示，IAR 开发环境分为三层：第一层为 "workspace"（工作空间，后缀为 .eww）；第二层为 "project"（项目，后缀为 .ewp），工作空间下可以有多个项目，但只有一个处于激活状态；第三层为 "file"（文件），可包含多个文件，为 C 文件（后缀为 .C）或头文件（后缀为 .h）。

1. 建立 "workspace"（工作空间）

双击 IAR Embedded Workbench ![icon]图标，几秒后出现编辑界面，软件自动建立屏幕如图 2-10 所示，IAR 系统自动建立一个新的 "workspace"。

2. 建立 "project"（项目）

（1）打开 "workspace" 后，单击 "Project" → "Create New Project"，如图 2-11 所示。

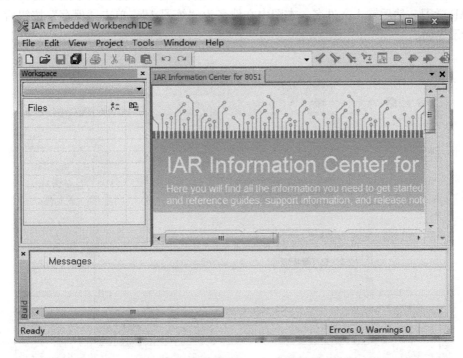

图 2-10　建立新的工作空间文件

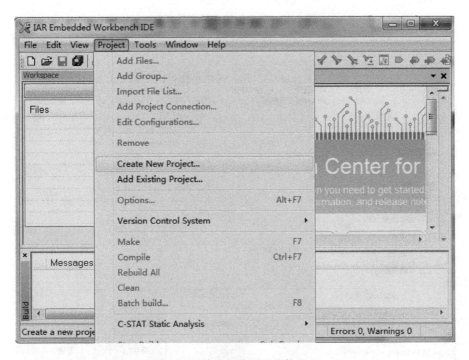

图 2-11　建立新的项目文件（1）

　　（2）单击后进入下一界面，如图 2-12 所示，接着单击"OK"按钮，弹出对话框，如图
2-13 所示。

（3）如图 2-13 所示，用户可根据需要建立或选择目标文件路径，本图中的文件路径为 F：\IAR 学习，然后输入文件名，本图中文件名为"练习 1"。单击"保存"按钮后进入图 2-14 所示界面。

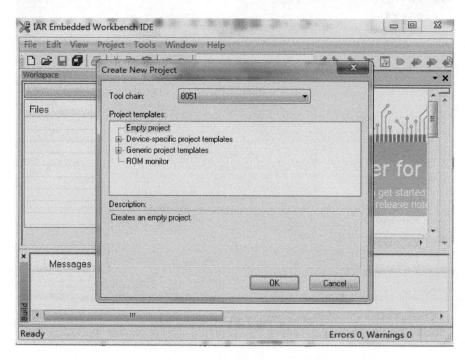

图 2-12　建立新的项目文件（2）

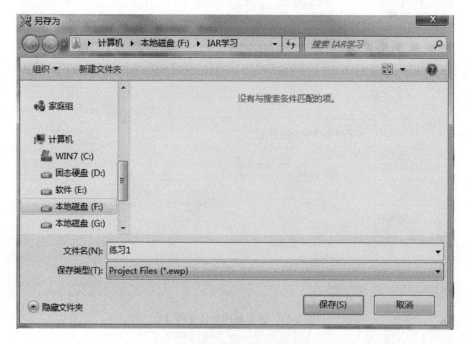

图 2-13　建立新的项目文件（3）

（4）如图 2-14 所示，建立项目文件后，在左侧文件栏会出现"练习 1-Debug"项目。

（5）在工作空间内也可选择添加已有的项目，如图 2-11 所示的界面下，单击"Project"→
"Add Existing Project"，弹出图 2-15 所示对话框。

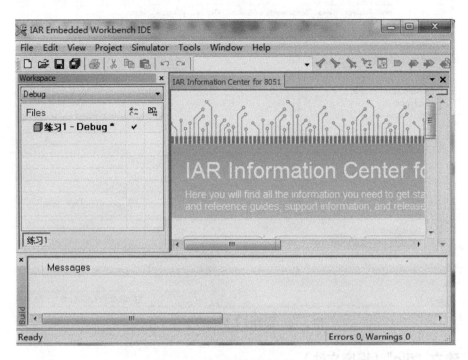

图 2-14　建立新的项目文件（4）

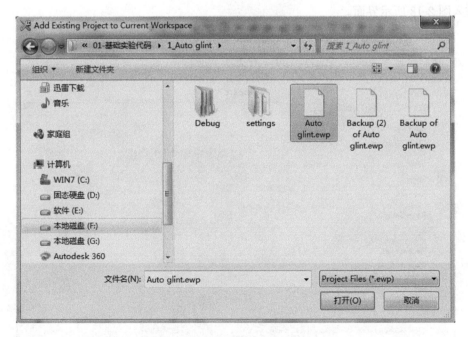

图 2-15　添加已有的项目文件（1）

如图 2-15 所示，选择目标项目文件所在的文件夹后，选择项目文件"Auto glint. ewp"，然后单击"打开"按钮，就将项目文件加入"workspace"里了，如图 2-16 所示。

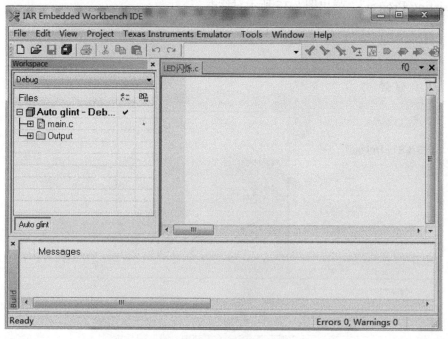

图 2-16　添加已有的项目文件（2）

3. 建立"file"（程序文件）

（1）在图 2-14 所示的界面下，单击"File"→"New"→"File"，如图 2-17 所示，单击后进入图 2-18 所示界面。

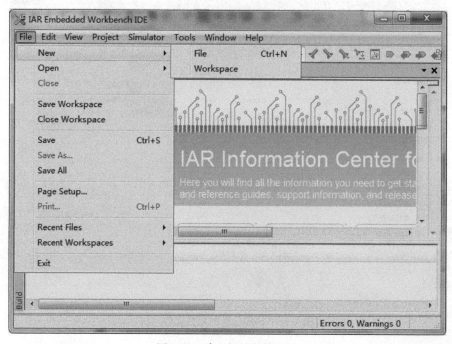

图 2-17　建立新的文件（1）

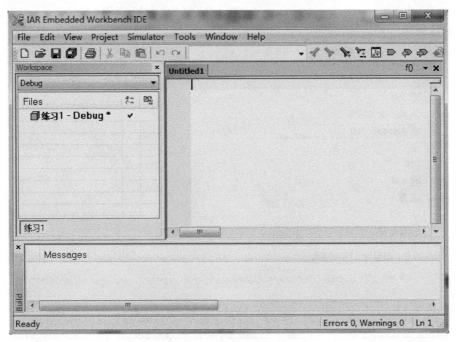

图 2-18 建立新的文件 (2)

（2）如图 2-18 所示，此时建立了一个"Untitled1"文件，我们首先将此文件改存为 C 类型文件（因为我们用 C 语言进行程序设计）。

（3）文件另存为 C 类型文件。单击"File"→"Save As…"，如图 2-19 所示。单击后进入对话框，如 2-20 所示，选好文件的保存路径后，输入文件名。注意文件名的后缀一定是 ".c"，本图中的文件名为"LED 闪烁 .c"，最后单击"保存（S）"按钮，如图 2-21 所示，文件显示改变后名称和格式。

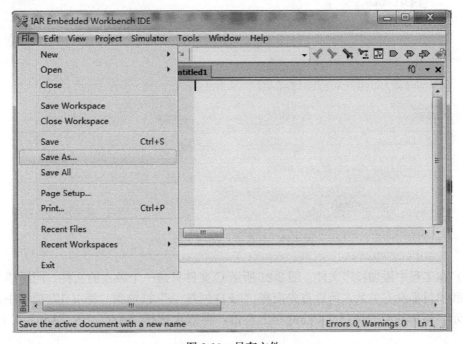

图 2-19 另存文件

图 2-20　另存成 C 类型文件（1）

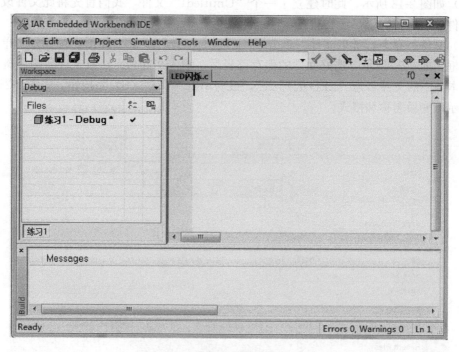

图 2-21　另存成 C 类型文件（2）

（4）在工程中添加程序文件。图 2-21 所示 C 文件只是一个独立的文件，同所建立的工作空间和项目都没有关系，所以首先应将"LED 闪烁 . c"添加到"练习 1"项目中。如图 2-22 所示，鼠标移至"练习 1-Debug"上右击，再依次选择"Add"→"Add""LED 闪烁 . c"。

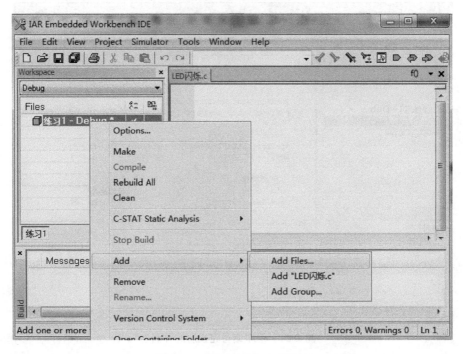

图 2-22　将 C 文件加入项目中

　　添加 C 文件后的文件目录结构见图 2-23，此时完整的开发文件架构已经建立，可以开始程序编写及调试了。程序编辑区和调试信息区如图 2-23 所示。程序编写完成后的界面如图 2-24 所示。

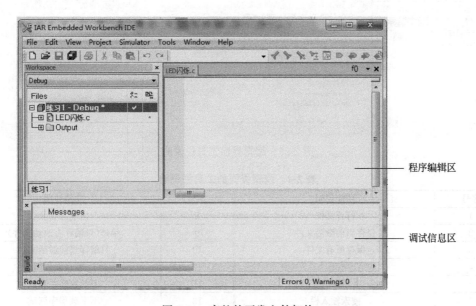

图 2-23　完整的开发文件架构

　　（5）IAR 集成开发平台编辑界面说明。如图 2-25 所示，此界面为 IAR 集成开发平台的编辑界面，表 2-4 为该编辑界面的工具栏说明。

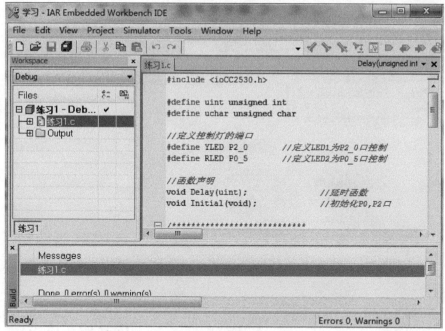

图 2-24　程序编写完成后的界面

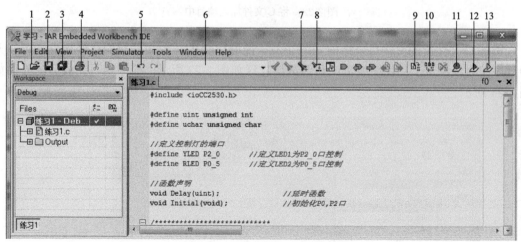

图 2-25　编辑界面工具栏说明

表 2-4　编辑界面的工具栏说明

序号	功能说明	序号	功能说明
1	打开文件	8	搜索并替换
2	保存当前激活文件	9	编译（只编译有改动文件）
3	保存所有文件	10	只编译当前激活文件
4	打印	11	断点设置
5	撤销	12	下载程序并调试
6	搜索输入栏	13	不下载程序调试
7	搜索		

注：程序编写完成后必须进行编译，以检测文件是否有错误。表 2-4 中介绍了两种编译方式，还有一种强制编译项目里所有文件的方式——"Rebuild All"，执行方式：依次单击"Project"→"Rebuild All"。

三、软件下载及调试

1. 项目参数配置

程序编写完成之后，需要把程序下载到 CC2530 单片机的程序存储器中，并进行联机仿真调试，首先需要对项目的有些参数进行配置。如图 2-26 所示，把鼠标移至项目"练习 1-Debug"右击后选择"Options…"，弹出图 2-27 对话框。

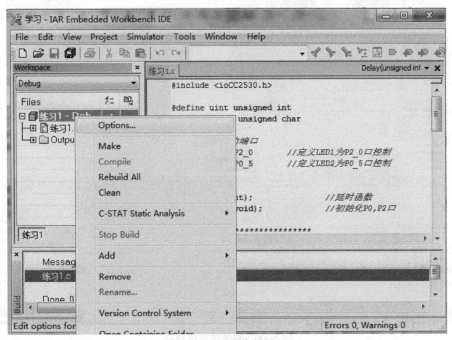

图 2-26　项目参数设置

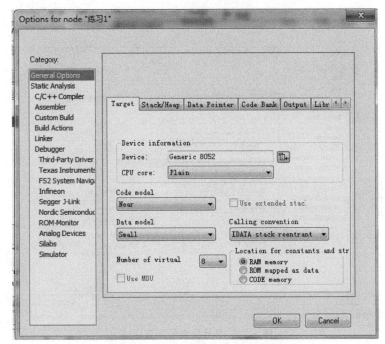

图 2-27　项目"Options"对话框

（1）配置单片机型号　根据单片机芯片型号，在"Category"的"General Options"栏目中，依次选择：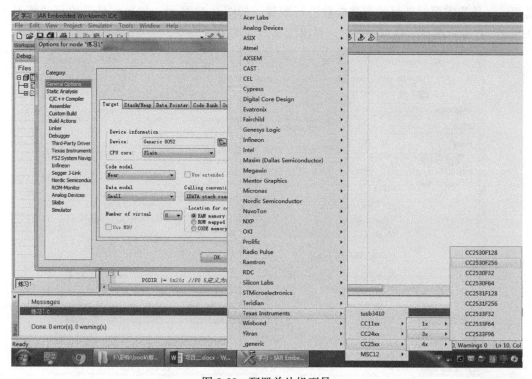→"Texas Instruments"→"C25××"→"3×"→"CC2530F256"，如图 2-28 所示。

单片机型号配置完成后，如图 2-29 所示。

图 2-28　配置单片机型号

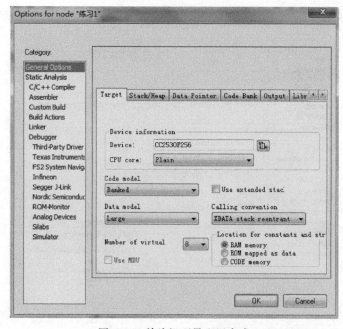

图 2-29　单片机型号配置完成

（2）配置下载仿真模式　如图 2-30 所示，在"Category"的"Debugger"栏目中，单击"Driver"的下拉项。其中"Simulator"为模拟仿真模式，在这种模式下，软件不能下载到单片机的程序存储器中，软件在电脑中模拟运行，单片机的一些实际参数看不到；选择"Texas Instruments"，为实时仿真模式，软件将下载到单片机的程序存储器中，单片机的所有数据都可以实时检测。图 2-31 为配置后的实时仿真模式。

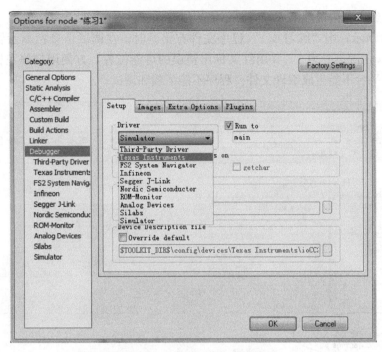

图 2-30　配置下载仿真模式

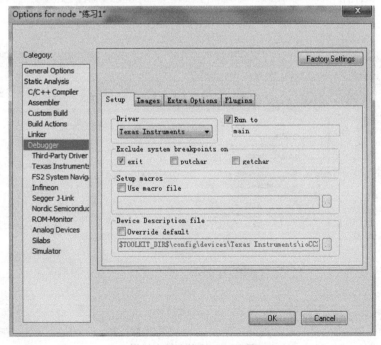

图 2-31　配置后的实时仿真模式

2. 软件编译、下载及调试

（1）软件编译　编译方式有三种，上面已经介绍过。

如图 2-32 所示，当"练习 1.c"程序文件没有错误时，在调试信息栏显示错误（errors）为 0，警告（warnings）为 0。与此同时，IAR 开发平台自动生成编译文件。程序可以进行下载和调试。

注意：当编译的错误数不为零时，不能生成编译文件。

如图 2-33 所示，当"练习 1.c"程序文件有错误时，在调试信息栏显示错误（errors）为 1，警告（warnings）为 1，并用红叉标出错误的可能位置，方便用户修正错误。与此同时，IAR 开发平台不能生成编译文件。程序不能下载和调试。

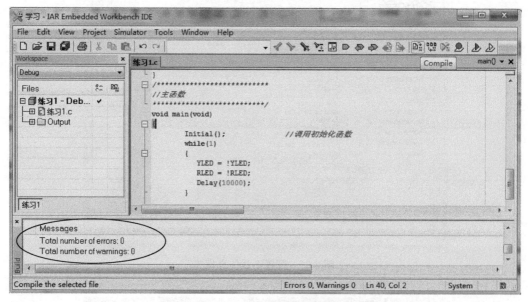

图 2-32　编译文件没有错误

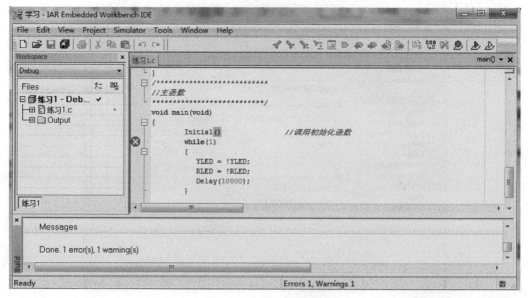

图 2-33　编译文件有错误

（2）程序下载并调试 在编辑界面单击 图标，下载编译程序并调试，进入调试界面，如图 2-34 所示，绿色光标所在位置为复位后程序执行的位置。调试界面说明见表 2-5。

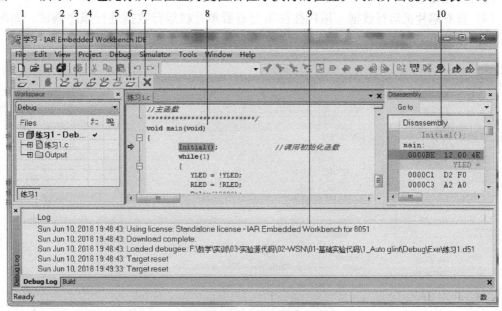

图 2-34 进入仿真调试界面

表 2-5 调试界面说明

序号	功能说明	序号	功能说明	序号	功能说明
1	复位	5	运行到光标处	9	调试信息
2	Step over，单步执行，不进入子函数	6	程序全速运行	10	编译文件（汇编文件）
3	Step into 单步执行，进入子函数	7	退出仿真调试		
4	Step out 跳出子函数的单步执行	8	源文件（C 程序文件）		

（3）设置并运行到断点 程序调试时，往往需要查看某段程序的执行效果，可以采用设置"断点"的方式，如图 2-35 所示。

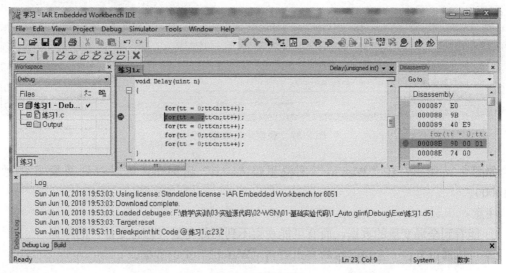

图 2-35 断点运行

　　将光标移至预设断点处，单击红色🔴图标，设置断点，其后单击"全速运行"按钮🏃，程序运行到光标处。

　　（4）查看单片机运行数据　用户往往需要查看单片机运行数据进行程序调试。如图 2-36 所示，依次单击"View"→"Watch"→"Watch1"后进入图 2-37 所示界面。

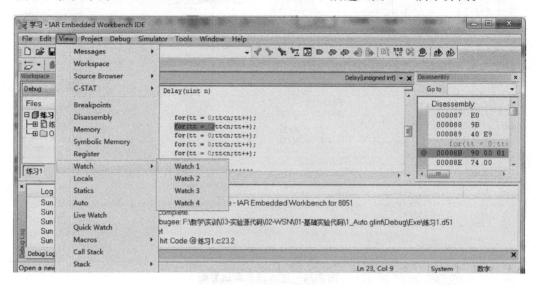

图 2-36　观察运行数据（1）

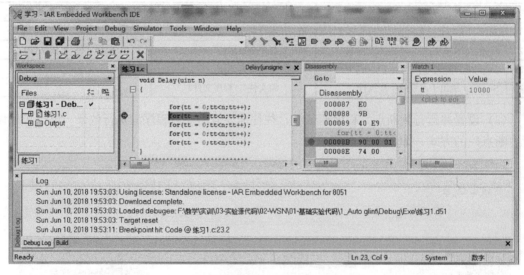

图 2-37　观察运行数据（2）

　　如图 2-37 所示，在"Watch1"图框里输入"tt"后回车，可以看到变量 tt 的数值为 10000。

　　注意：

　　① 能看到全局变量的数据，而有可能观察不到局部变量（临时变量）的数据。

　　② 可以通过复位—全速运行的方式更新"Watch1"里的数据。

四、程序文件

(1) 本任务练习例程如下。

```
# include < ioCC2530.h>              //包含头文件
# define RLED P0_5                   //定义 LED2 为 P0_5 口控制
void Delay(uint);                    //延时函数声明
void Initial(void);                  //初始化 P0、P2 口函数声明
uint tt;                             //定义变量
/ ****************************        //注释
//延时
 ****************************/
void Delay(uint n)                   //延时子函数定义
{   for(tt = 0;tt< n;tt+ + );
    for(tt = 0;tt< n;tt+ + );
    for(tt = 0;tt< n;tt+ + );
    for(tt = 0;tt< n;tt+ + );
    for(tt = 0;tt< n;tt+ + );
}
/ ****************************
//初始化程序
 ****************************/
void Initial(void)                   //初始化子函数定义
{
    P0DIR |= 0x20;                   //P0_5 定义为输出
    RLED = 1;                        //LED 灯灭
}
/ ************************** //主函数定义,每个项目有且只能有1个
//主函数
 **************************/
void main(void)
{
    Initial();                       //调用子函数,单片机复位后执行的第一条语句
    while(1)
    {
        RLED = ! RLED;               //改变灯的状态
        Delay(10000);                //调用延时子函数
    }

}
```

说明：

注释语句不参与程序运行，只是帮助理解程序。

注释有两种方式。

① "//" 单行注释。

② "/ **********/" 多行注释。

(2) 每个项目只有 1 个且必须有一个主函数。

(3) 子函数可以有多个，但是只有在主函数里调用了才会运行。

（4）单片机上电之后执行的第一条语句就是主函数的第一条语句。

五、C 语言知识学习（一）——C 语言的基本语句

C语言作为计算机的基本编程语言，它和我们的汉语一样，也是由一个一个的句子构成的，不过在C语言里，把句子称为语句。C语言的语句分为两种：一种是简单语句；另一种是复合语句。

1. C 语言常见语句分类

（1）控制语句　控制语句用于完成一定的控制功能。C语言中只有9种控制语句，我们将在后面的项目中陆续学习。

① if（）…else …　　（条件语句）
② for（）…　　　　　（循环语句）
③ while（）…　　　　（循环语句）
④ do…while（）　　　（循环语句）任务拓展
⑤ continue　　　　　　（结束本次循环语句）
⑥ break　　　　　　　（终止执行 switch 语句或循环语句）
⑦ switch　　　　　　　（多分支选择语句）
⑧ goto　　　　　　　　（转向语句）
⑨ return　　　　　　　（从函数返回语句）

（2）函数调用语句　函数调用语句由一个函数调用加一个分号";"构成。

例如：yanshi（）；

（3）表达式语句　表达式语句由一个表达式加一个分号构成，比如由赋值表达式构成一个赋值语句。

例如：$x=5$；　　//是一个赋值语句，意思是把 5 送给 x

　　　　$z=x+y$；　//是一个赋值表达式，即把 $x+y$ 的和送给 z

（4）空语句　只有一个分号";"的语句是空语句。

2. 注意事项

（1）C语言中分号";"是语句的终结符，是语句的组成部分，而不是语句之间的分隔符，不可以省略。

（2）一个复合语句在语法上等同于一个语句，因此，在程序中，凡是单个语句能够出现的地方都可以出现复合语句。复合语句作为一个语句又可以出现在其他复合语句的内部。复合语句是以右花括号"｝"为结束标志的，因此，在复合语句右花括号"｝"的后面不必加分号。但是，需要注意的是，在复合语句里，最后一个非复合语句的后面必须要有一个分号，此分号是语句的终结符。

【任务评估】

1. 能够新建工作空间、项目和程序文件，并进行参数配置。

2. 能够将所有的文件存于 D:＼班级＼小组＼目录下。

3. 掌握编译、下载的方法。掌握全速和断点两种运行方式，可在仿真模式下查看变量的数值。

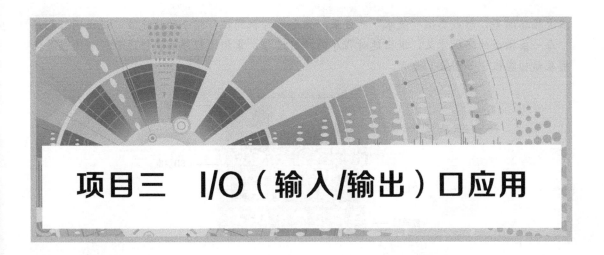

项目三 I/O（输入/输出）口应用

【项目概述】

本项目学习的主要内容是 CC2530 单片机的 I/O 口的使用方法，一共包括三个任务，任务一用来理解单片机是如何执行程序的，执行的速度是怎样的，软件和硬件是如何联系在一起的。任务二用来学习程序设计的流程和思路。前两个任务都是练习输出口的使用，任务三用来学习单片机输入口的应用方法。

【项目目标】

知识目标

1. 掌握 CC2530 的 I/O 口特征。
2. 理解通用 I/O 和外设 I/O 的区别。
3. 了解特殊功能寄存器的作用。
4. 熟悉控制 I/O 口的相关寄存器。
5. 掌握按键消抖的方法。
6. 掌握 C 语言 while 和 for 语句。
7. 掌握 if 和 switch 语句。
8. 掌握流程图的使用。

技能目标

1. 能够根据实际应用配置 I/O 口相关寄存器。
2. 能够用软件方法消除按键抖动。
3. 能够结合流程图设计程序。
4. 能够使用宏定义。
5. 能够使用 while 和 for 语句编程。

素质目标

1. 具备开阔、灵活的思维能力。
2. 具备积极、主动的探索精神。
3. 具备严谨、细致的工作态度。

 任务一 流水灯

【任务描述】

单片机输出口应用练习，要求用 CC2530 单片机的 P0 口控制 8 个 LED（发光二极管）

依次循环闪亮，形成类似"流水"的效果。体会单片机的执行指令的快速性，说出闪烁程序中每一条指令的实际意义，说出延时程序的执行过程，掌握主程序的执行过程。本次任务使用显示功能板，如图 3-1 所示。

图 3-1　显示功能板

【计划与实施】

1. 练习例程 3-1。

（1）调整 delay 延时函数 for 语句的内存循环次数，使 LED 亮 1s，灭 0.5s，利用 IAR 在线开发系统完成例程 3-1 编写、调试及下载运行。

（2）分析一个"NOP"的执行时间为（　　　　　　）μs。

（3）改编程序，让 LED1 常亮，测量 LED 两端的电压为（　　）V，根据图 3-2 计算发光二极管的工作电流。

2. 分析实现流水灯功能的编程原理。

（1）关于宏定义，定义 P0＿1 为 LED2：#define

其他 P0＿2～P0＿7 同理。

（2）初始化。

P0DIR I/O 输出方向设置：P0DIR＝

P0 口清零：　　　　　　　　　　P0＝

（3）分析程序流程（依次点亮 8 个灯，形成流水的效果）。

LED8 灭：LED8＝

LED1 亮：LED1＝

延时

LED1 灭：LED1＝

LED2 亮：LED2＝

延时

……

3. 利用 IAR 在线开发系统完成流水灯程序编写、调试及下载运行。

【任务资讯】

一、LED 工作电路

LED 工作电路如图 3-2 所示。

如图 3-2 所示，LED 工作电路原理图说明如下。

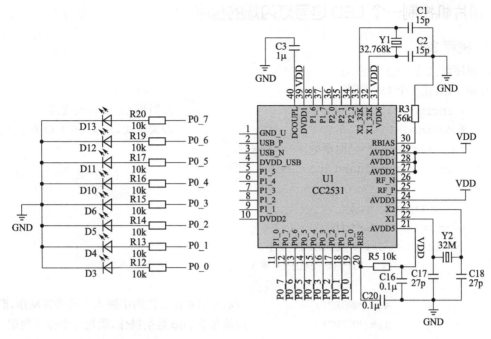

图 3-2　LED 工作电路

（1）网络标号：相同的标号意味着电气相连。例如：电阻 R20 的一端连接 LED，另外一端为标号 P0_7，而单片机 U1 的 12 脚也标记 P0_7，这说明 R20 的一端与 U1 的 12 脚在电路上是连接到一起的，这样的标号有很多，可方便原理图识图，避免因连线过多造成原理图杂乱。这样的标号称为"网络标号"。

（2）8 个 LED 指示灯分别由单片机 P0 的 8 个端口控制。

（3）由于发光二极管加正向电压时亮，所以当 P0 口输出高电平（"1"）时灯亮，当 P0 口输出低电平（"0"）时灯灭。

二、单片机执行指令的时间

单片机执行指令是在时序电路的控制下一步一步进行的，如图 3-3 所示，单片机时序电路是由外部晶振和内部驱动电路组成的，所以晶振频率越高，单片机运行速度越快。

基本 51 型单片机的时钟信号为晶振十二分之一的固有频率，但是 CC2530 单片机拥有增强型 51 内核，时钟信号周期即为晶振的固有频率。

例如：晶振频率 $f = 32\text{MHz}$。

那么时钟信号频率 $f = 32\text{MHz}$，机器周期$(T) =$
$1/f = 1/32000000 = 0.03125\mu s = 31.25\text{ns}$。

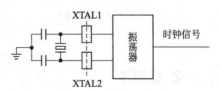

图 3-3　CC2530 单片机时序发生电路

机器周期时间为单片机指令运行时间的最小单位，一般指令运行时间为 1～2 个机器周期时间，个别指令运行需要 4～6 个机器周期时间。汇编语言中有一个空操作指令（NOP），什么功能都不执行，只是占用一个机器周期的时间，程序员经常采用空操作指令来实现延时功能。注意：在 C 语言程序中嵌入汇编语言有固定的格式，其表达式为 asm（"NOP"）。

三、单片机控制一个 LED 信号灯闪烁的程序

1. 例程 3-1

```
//程序名:1个LED闪亮.c
//功    能:让1个LED闪亮
    # include "ioCC2530.h"                      //引用CC2530头文件
    # define LED1   P0_0                         //宏定义,定义P0_0口为LED1
/************延时函数*********/
    void delay(unsigned int time)
    {
        unsigned int i;
        unsigned char j;
        for(i = 0;i < time;i+ + )
            for(j = 0;j < 240;j+ + )
            {
                asm("NOP");              //asm用来在C代码中嵌入汇编语言操作,汇
                asm("NOP");              //编命令nop是空操作,消耗1个指令周期
                asm("NOP");
            }
    }
/************主函数***********/
    void main(void)
    {
        P0DIR = 0x01;                    //初始化设置P0_0口为输出口
        LED1= 0;                         //初始化D3灯灭

        while(1)
        {
        LED1= 1;                         //D3灯亮
        delay(1000);                     //延时(灯亮的时间)
        LED1= 0;                         //D3灯灭
        delay(500);                      //延时(灯灭的时间)
        }
    }
```

2. C 程序

必须在"Workspace"和"Project"文件系统下才能编译、运行和调试,要实现这个要求有两种方式。

方式一:可以按照项目二介绍的方法,重新建立新的"Workspace""Project"和"File"整个系统,然后输入程序后运行,查看结果。

方式二:利用已有的开发文件系统,仅仅建立新的文件即可,方法如下。

① 如图 3-4(a)所示,单击上个项目练习所建立的"Workspace"文件→"学习.eww",进入 IAR 开发系统。

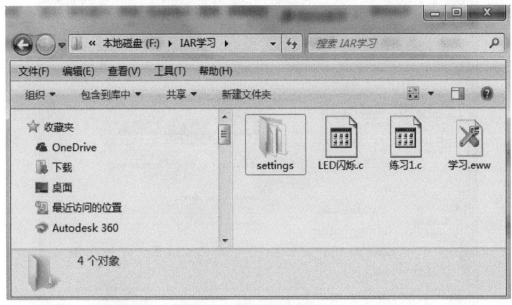

(a) 工作空间所在文件夹

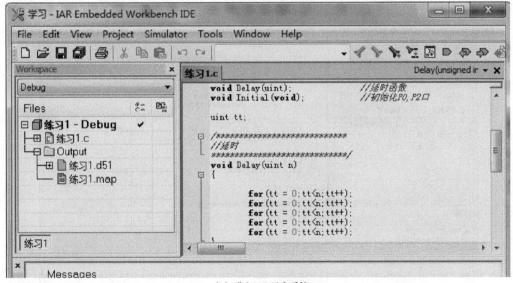

(b) 进入IAR开发系统

图 3-4 打开已有的工作空间文件

② 从项目中移除原有文件。

如图 3-5（a）所示，把鼠标移至"练习 1.c"文件上右击，单击"Remove"选项后，移除"练习 1.c"文件。移除文件后的系统见图 3-5（b）。

③ 往项目中添加新文件。

建立新的任务 C 文件，方法之前已介绍。如图 3-6（a）所示，把鼠标移至"练习 1. Debug"项目上右击，再依次单击"Add"→"Add"1 个 LED 闪亮 . c""后（当该文件被打开时，会有此选项，否则可通过对话框选择），增加 Add"1 个 LED 闪亮 . c"文件。增加文件后的系统见图 3-6（b）。

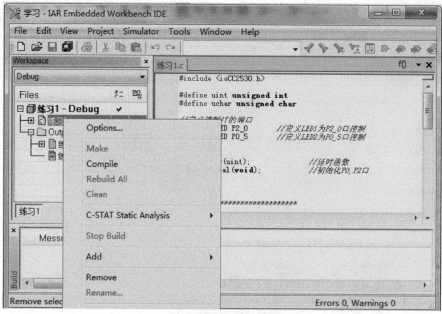

(a) 选择移除C文件指令

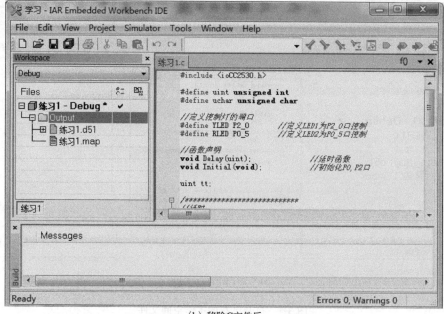

(b) 移除C文件后

图 3-5　从项目中移除原有文件

四、CC2531 单片机的 I/O（输入输出）口

1. CC2531 单片机的 I/O 功能

CC2531 单片机有 21 个数字输入/输出引脚，可以配置为通用数字 I/O 或外设 I/O 信号，配置为连接到 ADC、定时器或 USART 外设。这些 I/O 口的用途可以通过一系列寄存器配置，由用户软件加以实现。

I/O 端口具备如下重要特性。

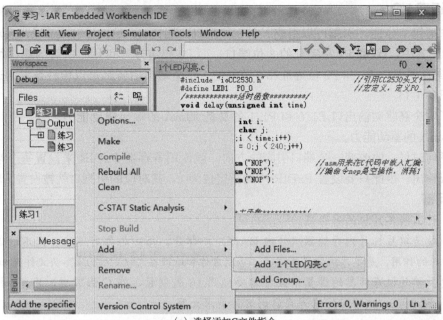

(a) 选择添加C文件指令

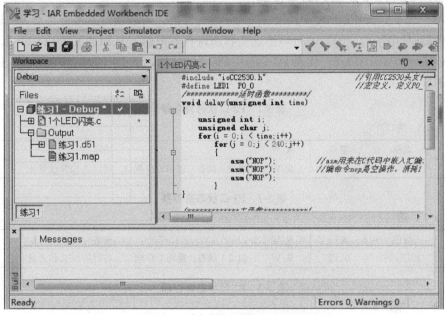

(b) 增加C文件后

图 3-6 往项目中增加新文件

① 21 个数字 I/O 引脚。

② 可以配置为通用 I/O 或外部设备 I/O。

③ 输入口具备上拉或下拉功能。

④ 具有外部中断功能。

21 个 I/O 引脚都可以用作外部中断源输入口。因此如果需要外部设备可以产生中断。外部中断功能也可以从睡眠模式唤醒设备。

这里我们先介绍通用 I/O，外设及中断功能在后面的章节会持续介绍。

2. 通用 I/O

用作通用 I/O 时，引脚可以组成 3 个 8 位端口，端口 0、端口 1 和端口 2，表示为 P0、P1 和 P2。其中，P0 和 P1 是完全的 8 位端口，而 P2 仅有 5 位可用。所有的端口均可以通过 SFR 寄存器 P0、P1 和 P2 位寻址和字节寻址。每个端口引脚都可以单独设置为通用 I/O 或外部设备 I/O。

除了两个高驱动输出口 P1.0 和 P1.1 各具备 20mA 的输出驱动能力之外，所有的输出均具备 4mA 的驱动能力。

在任何时候，要改变一个端口引脚的方向，就使用寄存器 PxDIR 来设置每个端口引脚为输入或输出。因此只要设置 PxDIR 中的指定位为 1，其对应的引脚口就被设置为输出了。

知识小问答

问：什么叫单片机的寄存器？

答：就是单片机片内存储器（片内 RAM）一部分，每一个都有地址。只不过这几个寄存器有特殊的作用，是单片机指定专用的，功能名称和地址在"ioCC2530. h"头文件里加以定义。

注意：单片机寄存器的设置中经常需要使用 16 进制数，在 C 语言中，用 0X 打头的数字代表 16 进制数。编程时注意寄存器的名称要求大写。

3. 单片机通用 I/O 相关的寄存器

表 3-1～表 3-3 分别为 P0、P1、P2 口的状态寄存器，可以通过这些寄存器读取通用 I/O 的状态（高或低电平，1/0），也可以给这些状态寄存器赋值，从而改变 I/O 的状态。例如：P0＝(6A)16＝(01101010)2，代表 P0.7：0，P0.6：1，P0.5：1，P0.4：0，P0.3：1，P0.2：0，P0.1：1，P0.0：0。

表 3-1　P0 口状态寄存器

P0（0x80）-端口 0

位	名称	复位	R/W	描述
7:0	P0[7:0]	0xFF	R/W	端口 0 状态。通用 I/O 端口。可以从 SFR 位寻址

表 3-2　P1 口状态寄存器

P1（0x90）-端口 1

位	名称	复位	R/W	描述
7:0	P1[7:0]	0xFF	R/W	端口 1 状态。通用 I/O 端口。可以从 SFR 位寻址

表 3-3　P2 口状态寄存器

P2（0xA0）-端口 2

位	名称	复位	R/W	描述
4:0	P2[4:0]	0xFF	R/W	端口 2 状态。通用 I/O 端口。可以从 SFR 位寻址

表 3-4、表 3-5 分别为 P0、P1 口方向寄存器。

表 3-4　P0 口方向寄存器

P0DIR（0xFD）-端口 0 方向

位	名称	复位	R/W	描述
7:0	DIRP0_[7:0]	0x00	R/W	P0.7 到 P0.0 的 I/O 方向 0:输入 1:输出

表 3-5　P1 口方向寄存器

P1DIR（0xFE）-端口 1 方向

位	名称	复位	R/W	描述
7:0	DIRP1_[7:0]	0x00	R/W	P1.7 到 P1.0 的 I/O 方向 0:输入 1:输出

P2DIR 设置同其他两个口不同，这里暂不介绍。

例：P0DIR＝(6A)$_{16}$＝(01101010)$_2$，代表 P0.7 输入，P0.6 输出，P0.5 输出，P0.4 输入，P0.3 输出，P0.2 输入，P0.1 输出，P0.0 输入。

注：P0、P1 复位后默认为输入口，如果要做输出口需要进行寄存器设置。

五、C 语言知识学习（二）——while 语句和单片机程序结构

1. 基本 while（）语句

格式：while（条件表达式）

　　　　{

　　　　循环体；//可以为空

　　　　}

组成：

- 语句名称 while。
- 一对小括号"（）"。
- "（）"中为条件表达式。
- 一对"{}"。
- "{}"中为语句——循环体。

执行过程：当程序执行到 while 语句时，先计算"条件表达式"的值，如果"条件表达式"的值为"假"（等于 0），循环体不被执行，直接执行相应"}"后面的语句。如果"条件表达式"的值为"真"（不等于 0），就去执行循环体，直到相应"}"时，再次回去计算"条件表达式"的值，然后重复以上过程。

实例分析：

```
y= 3;
while(y-)
  {
  yanshi(10000);
  }
x= 3;
......
```

这个程序中，先执行"y＝3"，再执行 while 语句中"y-"，因为 y-1＝2，满足不为零的条件，是真，执行循环体 yanshi（10000）；当循环体 yanshi（10000）执行完，又去执行"y-"，执行完 y=1，还满足循环条件，继续执行循环体；当循环体 yanshi（10000）执行完，又去执行"y-"，这次执行完 y=0，还满足循环条件，while 语句执行完毕，向下执行。执行 x＝3。

注意事项：第一，条件表达式可以是一个数字（比如 0、1、2 等）、一个运算（y-、a+b 等）。

第二，如果 {} 中没有其他语句，while 语句可以简写成："while（条件表达式）;"，注意这里的分号不能省略。

2. 主程序分析

本任务中，执行主程序时，首先执行 while（）语句。此时先执行 while（）语句的条件表达式，判断结果是等于"1"，是真，去执行循环体。"led=0"是让发光二极管亮，"yanshi（10000）"是延时，"led=1"是让发光二极管灭，yanshi（10000）也是延时。当这 4 条语句执行完，就到了 while（）语句的"}"，程序直接转到 while（）语句的条件判断语句，结果依然满足，还要继续循环，程序又回到"led=0"让发光二极管亮。

可见 while（）语句中，条件表达式是"1"时，是死循环。

主程序完整的执行过程是：第一条指令发光二极管亮→第二条指令延时子程序→第三条指令发光二极管灭→第四条指令延时子程序→第一条指令发光二极管亮……，如此周而复始，发光二极管就在不断地亮、灭了。

读者可以自己分析一下延时子程序的执行过程。

3. 单片机 C 语言程序的基本结构模型

```
# include < ioCC2530.h >          //预处理命令,可能会有很多
# define LED1 P1_0;              //引脚定义,可能定义很多引脚
int   a;                        //变量定义,可能定义很多变量


/************子程序,可能会很多**********/
/***********子程序 1*********/
void   zichengxu1(unsigned char i)    //子程序 1
{
程序 1;
}


/***********子程序 2**********/
void   zichengxu2(unsigned char j)    //子程序 2
{
程序 2;
}


/************主程序***********/
void main(void)                      // 主程序
{
……;                 //需要事先执行且只执行一次的语句
while(1)
    {
    "主程序的主体";      //根据任务需要编写的程序
    zichengxu1(100);    //调用声明过的子程序
    ……
    }
}                       // {}都是成对出现的,注意配对关系
```

可见，单片机程序，结构非常清晰，每一个组成部分都完成一个具体的工作。每个程序只有唯一的一个主程序，其他部分可能有很多，所有的其他部分都是为主程序服务的，为主程序做准备的。

编写程序时，总是准备工作在前，主程序在后。如果希望把子程序放到主程序后面，那就必须提前申明，具体如下。

```
# include < ioCC2530. h >              //预处理命令,可能会有很多
# define    LED1 P1_0;                 //引脚定义
int   a;                              //变量定义,可能定义很多变量
/************子程序申明************/
void   zichengxu1(unsigned char i);    //子程序 1 申明
void   zichengxu2(unsigned char j);    //子程序 2 申明


/************主程序************/
void main(void)              // 主程序
{
……;                        //需要事先执行且只执行一次的语句
    while(1)
    {
    "主程序的主体";            //根据任务需要编写的程序
    zichengxu1(100);         //调用声明过的子程序
    ……;
    }
}                           // {}都是成对出现的,注意按配对关系对齐


/************子程序 1************/
void   zichengxu1(unsigned char i)     //子程序 1
{
程序 1;
}


/************子程序 2************/
void   zichengxu2(unsigned char j)     //子程序 2
{
程序 1;
}
```

4. 单片机的程序

学习单片机的 C 语言编程，可以简单地认为 C 语言函数就是单片机的程序。C 语言的主函数就是单片机的主程序，C 语言的子函数就是单片机的子程序。

单片机程序主要分为三类：主程序、子程序、中断子程序。

主程序：主程序只能有 1 个，其名字必须为 main，它是程序的入口和循环起、止点。单片机 CPU 执行程序时，总是从 main 程序的第一条语句开始，按照书写的先后顺序执行；当遇到转移类语句时，按照转移条件转移；当遇到调用子程序时，就去执行子程序，直到子程序执行完后，回到调用子程序的下一条语句继续执行。主程序可以调用任何一个子程序，

子程序不能调用主程序；子程序之间可以相互调用。

子程序：实现某个特殊功能的模块。子程序的名字可以根据模块的功能任意取（但应避开 C 语言的关键字）。子程序必须在主程序前面声明过，才能使用。

5. 子程序的定义和调用

定义一个子程序其实就是确定一个小的功能模块。定义一个子程序，主要有子程序的说明部分和程序体两部分。这里以"延时子程序"来举例说明。

标准格式：

```
void yanshi(unsigned int y)        //子程序说明部分
{
while(y--);                        //子程序体
}
```

组成：

- void：确定返回值的类型。
- yanshi：定义子程序的名称。
- "（unsigned int y）"：一对小括号和里面的形式参数。
- "｛｝"：里面放子程序体。
- 子程序体：子程序的具体内容。

详细解释：

（1）子程序说明部分书写顺序是返回值类型、子程序名称、小括号和括号里的形式参数。

（2）子程序的返回值类型。

- 如果没有返回值，该部分用 void 表示。
- 如果有返回值，用 int 或 char 等相应的数据类型关键字开头，而且在子程序体中合适的位置，要有一条 return 语句。return 语句的格式是："return 变量;"作用是把子程序的结果返回给调用它的变量。

（3）子程序的名称。可以根据子程序模块的功能来进行取名，但要回避 C 语言的关键字。上面的例子中"yanshi"是该程序的名字。

（4）一对小括号和里面形式参数。子程序的形式参数，简称形参。一个子程序可以没有形参，也可以有多个形参。

- 没有形参时，括号里是空的，但是括号必须有。
- 有形参时，括号里必须说明形参的数据类型和参数名称，有多个形参时，形参之间用逗号隔开。

（5）子程序体由定义数据类型的说明部分和实现程序功能的执行部分组成。

子程序的调用：在调用子程序时，只需要写出子程序的名字。如果所调用的子程序需要参数，就必须将相应的参数值写到所调用的子程序的括号里，这个数值称为实参。实参的个数和类型必须与形参相同，中间用逗号隔开，顺序也要一致。如果需要接收所调程序的返回值就需要定义一个与子程序返回值类型相同的变量。

举例说明如下：数值运算子程序及其调用。

```
int qiuhe(int a, int b)   //返回值类型是整形,求和子程序,a、b 两个形参
{
int c;                    //程序体
```

```
c= a+ b;                    //程序体
return c;                   // return 是返回的意思,把 c 的值送出去
}
/***********************************************/
void  jisuan()              //计算子程序:无返回值、无形参
{
int x;
x= qiuhe(423,125);          //423 和 125 是实参,传递给被调用的子程序替代形参
}                           //最后x =  423+ 125= 548
```

【任务拓展】

1. 改变闪烁时间长短,程序怎么改?

2. 观察街道上的霓虹灯变换花样,自行设计一个多变化霓虹灯系统。

【任务评估】

1. 掌握 CC2530 单片机的 I/O 硬件结构。

2. 掌握 C 语言程序结构。

3. 掌握状态寄存器的意义。

4. 掌握输出口寄存器的设置。

5. 掌握延时函数的工作原理。

任务二 模拟城市路口交通灯控制系统

【任务描述】

为实际的交通指示灯功能板（图 3-7）设计电路,根据实际电路板和原理图进行 I/O 口功能分析;掌握交通指示灯工作流程图的编制和程序设计,并完成系统调试。

交通指示灯的功能要求:南北通行 20s,东西通行 15s,黄灯切换时间为 2s。

【计划与实施】

1. 根据实际电路板（图 3-7）和原理图（图 3-13）分析 I/O 口功能配置,完成表 3-6。

2. 根据任务功能要求,完成流程图分析。

3. 完成程序编写、编译、下载及功能调试。

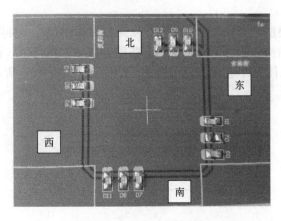

图 3-7 交通指示灯电路板

表 3-6　交通灯 I/O 口配置

LED 元件代号	功能	I/O 口	程序内定义

【任务资讯】

一、程序流程图的基本结构

程序流程图是程序分析中最基本、最重要的分析技术，它是进行程序分析过程的最基本的工具。程序流程图表示了程序内，各语句（或程序块）的操作内容，各语句（或程序块）间的逻辑关系，各语句（或程序块）的执行顺序。

画程序流程图的目的是，可以按照程序流程图顺利地写出程序，而不必在编写时临时构思，甚至出现逻辑错误。如果框图是正确的而结果不对，则按照框图逐步检查程序是很容易发现其错误的。

程序的结构有三种：顺序结构、分支结构、循环结构。

1. 顺序结构

各操作是按先后顺序执行的，是最简单的一种基本结构。结构如图 3-8 所示。其中 A 和 B 两个框是顺序执行的。即在完成 A 框所指定的操作后，就接着执行 B 框所指定的操作。

2. 分支结构

又称选择结构。根据是否满足给定条件，从两组操作中选择一种操作执行。某一部分的操作可以为空操作。结构如图 3-9（a）所示。条件 P 成立，执行 A，否则执行 B。结构如图 3-9（b）所示，说明条件 P 不成立，直接出去。结构如图 3-9（c）所示，说明条件 P 成立，直接出去。

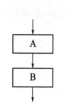

图 3-8　顺序结构示意图

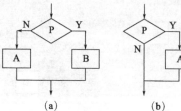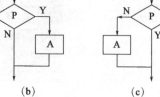

图 3-9　分支结构示意图

3. 循环结构

循环结构又称重复结构。即在一定条件下，反复执行某一部分的操作。循环结构又分为直到型结构和当型结构。

当型结构：当条件成立时，反复执行某一部分的操作，当条件不成立时退出循环，如图3-10所示。

特点：A可能一次也没执行到。

直到型结构：先执行某一部分的操作，再判断条件，直到条件成立时，退出循环；条件不成立时，继续循环，如图3-11所示。

特点：先执行，后判断，A最少要执行一次。

二、模拟城市路口交通灯控制系统举例

1. 任务要求

十字路口的交通指挥信号灯如图3-12所示。

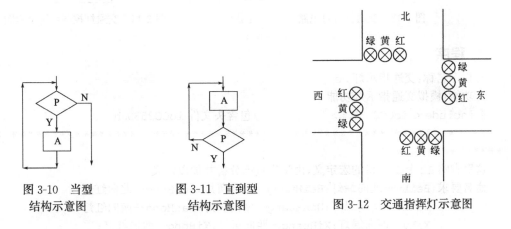

图3-10　当型　　　　图3-11　直到型　　　　图3-12　交通指挥灯示意图
结构示意图　　　　结构示意图

控制要求如下。

（1）先南北红灯亮，东西绿灯亮。

（2）南北绿灯和东西绿灯不能同时亮。

（3）南北红灯亮维持25s。在南北红灯亮的同时东西绿灯也亮，并维持22s。到22s后，东西绿灯熄灭、东西黄灯亮，并维持3s。然后，东西红灯亮维持30s。南北绿灯亮维持27s后熄灭。同时南北黄灯亮，维持3s后熄灭，这时南北红灯亮，东西绿灯亮。

（4）周而复始。

2. 电路图

交通指示灯原理图如图3-13所示，其中属于单片机最小系统部分的原理图为所有电路共有，这里忽略不示。

3. 程序流程图

图3-14所示为交通灯控制系统流程图。

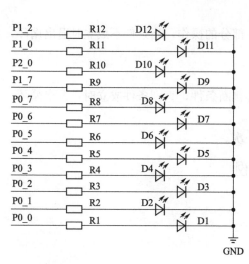

图 3-13　交通指挥灯电路

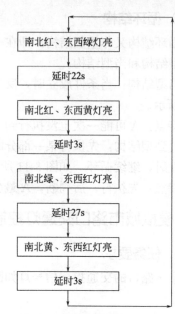

图 3-14　交通灯控制系统流程图

4. 程序

//程序名称:交通指示灯.c

//功能:模拟交通指示灯功能

include < ioCC2530.h> 　　　　　　　　//包含头文件 ioCC2530.h

/***
****

这里省略 12 个 I/O 口的宏定义,由学生自己分析并加以定义。

命名要求:BeiLv—北向绿灯;BeiHuang—北向黄灯;BeiHong—北向红灯;

　　　　NanLv—南向绿灯;NanHuang—南向黄灯;NanHong—南向红灯;

　　　　XiLv—西向绿灯;XiHuang—西向黄灯;XiHong—西向红灯;

　　　　DongLv—东向绿灯;DongHuang—东向黄灯;DongHong—东向红灯。

注意:后面例程中"东西向""南北向"两个方向分别共用一个输入输出口控制,同实际电路不同,在编程时注意调整。

　　　***
******************/

void yanshi(unsigned int y);//延时函数声明

/*******以下主程序(函数)********/

```
        void main()
        {
        unsigned char i;
        while(1)
          {
          DongXiHong = 0;              //确定每个灯是亮还是灭
          DongXiLv= 1;
          DongXiHuang= 1;
          NanBeiHong = 1;
```

```
        NanBeiLv = 0;
        NanBeiHuang = 1;

        for(i= 0;i< = 21;i+ + )      //延时时间 22s,+ + 是加 1 的意思
          {
          yanshi(60000);
          }

        DongXiHong = 1;                    //确定每个灯是亮还是灭
        DongXiLv= 1;
        DongXiHuang= 0;
        NanBeiHong = 1;
        NanBeiLv = 1;
        NanBeiHuang = 0;

          for(i= 0;i< = 2;i+ + )          //延时时间 3s,+ + 是加 1 的意思
          {
          yanshi(60000);
          }
        ……                    //根据流程图,请同学们补全剩余的程序
        }
}
/ *******以下是延时子程序 ********/
void yanshi(unsigned int   y)
{
while(y−);                         //"−"是减一的意思
}
```

三、C 语言知识学习（三）——for 语句

格式：for（表达式 1；表达式 2；表达式 3）

```
            {
            循环体；//可以为空
            }
```

组成：

· 语句名称 for。

· 一对小括号" （）"。

·" （）"中的条件表达式："表达式 1"一般是给变量赋值，确定循环次数的初值；"表达式 2"是条件判断比较语句；"表达式 3"是修改变量的值。3 个表达式之间用"；"号隔开。

· 一对" ｛｝"。

·" ｛｝"中的语句是循环体。

执行过程：

（1）计算条件表达式 1 的值。

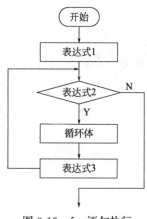

图 3-15 for 语句执行
过程示意图

（2）判断是否满足表达式 2？如果满足，执行循环体；如果不满足，跳出循环。

（3）执行循环体，执行完循环体后，计算表达式 3，再转向步骤（2）。详细执行过程如图 3-15 所示。

实例分析：

```
for(i= 0;i< = 21;i+ + )
  {
  yanshi(10000);
  }
```

这个程序中，先执行"i＝0"，再执行"i<＝21"，满足条件，是真，执行循环体 yanshi（10000），当循环体 yanshi（10000）执行完，执行"i++"，执行完 i=1，小于 21，满足条件 2，继续执行循环体，……，直到执行"i++"使 i 等于 22，不满足"i<＝21"条件时，for 语句执行结束。

注意事项：

（1）如果某个表达式没有，可以空着，分号却不能少。比如：

```
for(;;)
  {
  循环体;
  }
```

这是死循环，因为没有条件限制。

（2）如果没有循环体，语句可以简写为：

```
for(表达式 1;表达式 2;表达式 3);
```

这里后面的";"不能少，这也是一个延时程序。

（3）如果是嵌套，就是在一个 for 循环中包含另外一个 for 循环结构。值得注意的是，内层 for 循环被当成外层 for 循环的循环体的一部分在执行。for 循环嵌套的一般形式为：

```
for(表达式 11;表达式 12;表达式 13)
{
        for(表达式 21;表达式 22;表达式 23)
        {
                for(表达式 31;表达式 32;表达式 33)
                {
                        循环体;
                }
        }
}
```

【任务评估】

1. 掌握电路功能的分析方法。

2. 掌握程序设计思路和流程。

3. 掌握 C 程序结构。

4. 掌握 while、for 语句。

任务三 行人过街按钮

【任务描述】

本任务练习单片机输入口的应用方法。如图 3-16 所示，实际生活中，行人过街按钮是指在没有行人过街请求的情况时，交通信号灯-机动灯为常绿灯，行人信号灯为常红灯；当行人有过街需求时，按下请求按钮后，行人信号灯由红灯转换为绿灯，车行灯由绿灯转换为红灯，保证行人通行安全。

【计划与实施】

1. 认识按键。

如图 3-17（a）所示，点动按键有四个脚，实际上是两个端点（两两内部相连）。如图 3-17（b）所示，用万用表测量，断开的两端为"A"，"B"端点，并在图 3-17（a）上标出，回答下面问题：

S1 按下：A、B 之间电阻为（   ）。

S1 松开：A、B 之间电阻为（   ）。

图 3-16 过街按钮

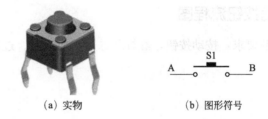

(a) 实物   (b) 图形符号

图 3-17 点动按钮

2. 说明按键消抖的两种方法。

3. 见图 3-18，当按键：

S1 按下，P1.0 为（   ）。

S1 松开，P1.0 为（   ）。

4. 利用 IAR 在线开发系统完成过街按钮程序编写、调试及下载运行。

【任务资讯】

一、过街按钮电路分析

过街按钮原理如图 3-18 所示。

1. 原理图分析

当按钮 S1 未按时，单片机 P1.0 输入口通过上拉电阻接到电源"VDD"，为高电平"1"。当按钮 S1 按下时，按钮短路，单片机 P1.0 输入口接到地"GND"上，为低电平"0"。过街绿灯 D4 由单片机 P0.1 口输出控制，过街红灯 D3 由单片机 P0.2 口输出控制。图 3-18 中电容的作用

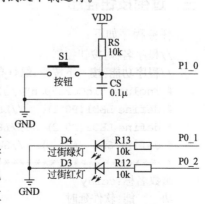

图 3-18 过街按钮原理

是去除干扰，电阻 R12、R13 为发光二极管限流电阻。

2. 按钮去抖方法

通过对原理图分析，我们可以得到按钮的理想输入波形如图 3-19（a）所示，但实际的波形却如图 3-19（b）所示，为什么呢？

多数按钮和键盘的按键使用机械式弹性开关。由于机械触点的弹性作用，一个按键开关在闭合及断开的瞬间必然伴随着一连串的抖动，其波形如图 3-19（b）所示。

抖动过程的长短是由按键的机械特性决定的，一般是 5～20ms。

按钮和键盘，作为人们操作命令进入单片机的主要接口，所以，准确无误的辨认每个键的动作和其所处的状态，是系统能否正常工作的关键。为了使单片机对一次按键动作只确认一次，必须消除抖动的影响，可以从两个方面着手：硬件去抖动和软件去抖动。若采用硬件去抖动电路，那么 N 个键就必须配有 N 个去抖动电路，需要购买很多元器件，当按键的个数比较多时，电路变得很复杂，也不够经济。

在这种情况下，可以采用软件的方法进行去抖动。即当第一次检测到有按键按下时，先用软件延时（10～20ms），而后再确认键电平是否是维持闭合状态的电平。若保持闭合状态电平，则确认此键已按下，从而消除抖动影响。

二、过街按钮流程图

本任务要求：按动按钮，红灯和绿灯切换显示。过街按钮流程如图 3-20 所示。

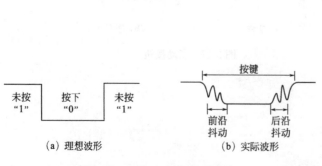

图 3-19 按钮开关瞬间抖动波形

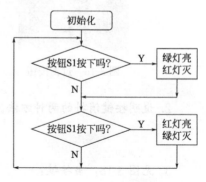

图 3-20 过街按钮流程图

三、过街按钮程序

任务程序如下：

```
//程序名称:按钮控制.c
//程序功能:按一下按钮,绿灯亮;再按一下按钮,红灯亮
# include "ioCC2530.h"//引用 CC2530 头文件
# define LED1(P0_1)    //LED1 端口宏定义
# define LED2(P0_2)    //LED1 端口宏定义
# define SW1  (P1_0)   //SW1 端口宏定义
/*****************************************************
函数名称:delay
功    能:软件延时
入口参数:time——延时循环执行次数
```

出口参数:无

返 回 值:无

```
*****************************************************************/
void delay(unsigned int time)
{
    unsigned int i;
    unsigned char j;
    for(i = 0;i < time;i+ + )
        for(j = 0;j < 240;j+ + )
        {
            asm("NOP");//asm 用来在 C 代码中嵌入汇编语言操作,汇
            asm("NOP");//编命令 nop 是空操作,消耗 1 个指令周期
            asm("NOP");
        }
}
/ *****************************************************************
```

函数名称:main

功　　能:程序主函数

入口参数:无

出口参数:无

返 回 值:无

```
*****************************************************************/
void main(void)
{
    PODIR |= 0x06;              //设置 P0_1、P0_2 口为输出口
    P1DIR &= ～0x01;            //设置 P1_0 口为输入口
    LED1 = 0;                   //熄灭 LED1
    LED2 = 1;                   //点亮 LED2
    while(1)                    //程序主循环
    {
        if(SW1 = = 0)           //如果按键被按下
        {
            delay(100);         //为消抖进行延时
            if(SW1 = = 0)       //经过延时后按键仍旧处在按下状态
            {
                LED1 = ～LED1;  //反转 LED1 的亮灭状态
                LED2 = ～LED2;  //反转 LED1 的亮灭状态
                while(! SW1);   //等待按键松开
            }
        }
    }
}
```

四、C 语言知识学习（四）——if 语句用法

if 语句是一种条件判断语句，根据条件的不同情况，执行相应的语句。

标准格式：

```
if(条件表达式)
    {
    语句块1;
    }
else
    {
    语句块2;
    }
```

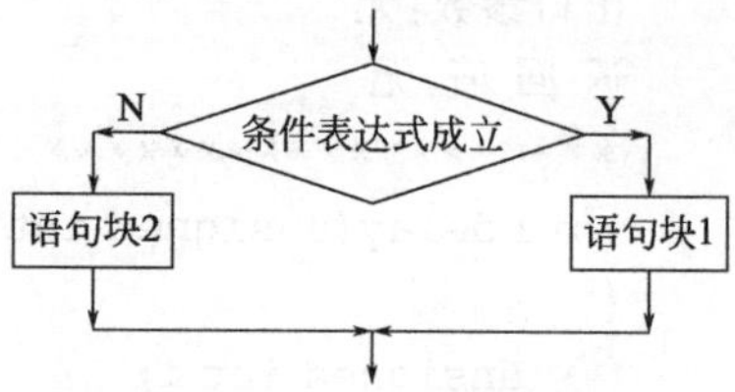

组成：

- 语句名称 if。
- （）及里面的条件表达式。
- {}及里面的语句块 1。
- 语句名称 else。
- {}及里面的语句块 2。

图 3-21 标准 if 语句执行过程

执行过程：

如图 3-21 所示。如果 if 旁边小括号中的条件表达式是真（满足条件）就执行语句块 1，否则就执行语句块 2。

实例分析：

```
# include < ioCC2530.h >
    void main()
    {
    while(1)
    {
    if(P1! = 0xFF)
    {
    P2= 0xAA;
    }
    else
    {
    P2= 0x55;
    }
    }
}
```

该程序完成的功能如图 3-22 所示，如果 P1 口上所有引脚不都是高电平，那么 P2＝0×AA；否则，P2＝0×55。两种情况必须选一个。

注意事项：

（1）如果不满足 if 后面的条件，什么都不用做的话，可以省略 else，例如：

```
# include < ioCC2530.h >
void yanshi(unsigned int y)
{
while(y—);
}
```

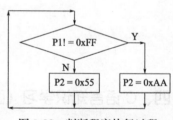

图 3-22 判断程序执行过程

```
void  main()
{
while(1)
    {
    if(P1! = 0xFF)              //没有 else,不满足条件时跳过{}向下执行
        {
        P2= 0xAA;               //满足条件才会被执行
        yanshi(60000);
        }
    P2= 0xff;                   //总会被执行,与 if 条件无关
    }
}
```

（2）if 语句的嵌套。if 语句中的 else 总是与它靠得最近的那个 if 配对。为了能清晰地看出 if 和 else 的配对关系，经常在书写时，相互配对的 if-else 使用后退对齐的方法书写。相应的格式和实例如下。

```
if(条件表达式 1)
{
语句块 1;
}
else   if(条件表达式 2)
    {
    语句块 2;
    }
    else   if(条件表达式 3)
        {
        语句块 3;
        }
语句块 4;
......
```

执行过程是：

· 如果条件表达式 1 成立，就执行语句块 1，然后去执行语句块 4。

· 如果条件表达式 1 不成立，看条件表达式 2 是否成立，如果条件表达式 2 成立，就执行语句块 2，然后执行语句块 4。

· 如果条件表达式 2 也不成立，再看条件表达式 3 是否成立，如果条件表达式 3 成立，就执行语句块 3，然后执行语句块 4。

· 如果所有条件表达式均不成立，就直接执行语句块 4。

if 语句的嵌套实例：

```
......
unsigned char  a;
void main()
{
while(1)
{
if(P1= = 0xff)
    { P2= 0xFF;}
```

```
else    if(P1= = 0xfe)
        {P2= 0xfe;}
        else   if(P1= = 0xfd)
              {P2= 0xfd;}
              else {P2= 0x00;}
}
}
```

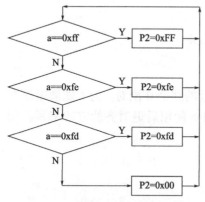

图 3-23　if 语句的嵌套实例流程图

该程序完成的功能如图 3-23 所示。

· 如果 P1==0xff 成立，则 P2=0xFF，然后回到"while（1）"，继续再判断 P1=0xff 是否成立。

· 如果 P1=0xff 不成立，则判断 P1==0xfe 是否成立；如果成立，P2=0xfe，然后回到"while（1）"，继续判断 P1=0xff 是否成立。

· 如果 P1=0xfe 不成立，再看 P1==0xfd 是否成立，如果成立，P2=0xfd，然后回到"while（1）"，继续判断 P1=0xff 是否成立。

· 如果所有条件均不成立，P2=0x00，然后回到"while（1）"，继续判断 P1=0xff 是否成立。

【任务拓展】

1. 起始状态：过街红灯亮，绿灯灭；按动按钮，过街绿灯亮，红灯灭；延时 10s 后，过街绿灯灭，过街红灯亮（注：10s 之内，按钮重复按无效）。再次按按钮，重复以上过程。

2. 按一下按钮，亮一个灯，按两下，亮两个灯，按三下，…，直到 8 个灯全亮，然后再按一下全灭；如此循环。

【任务评估】

1. 掌握按钮的工作原理。

2. 掌握按钮去抖原理及方法。

3. 掌握 C 语句：if…else。

4. 掌握程序流程分析方法。

5. 进一步了解程序结构及设计技巧。

小制作 1　CC2530 核心板

【任务描述】

完成 CC2530 核心板的焊接及调试，实物见图 Z1-1。

【计划与实施】

1. 仪器、工具及辅料（焊锡）准备及查验。

仪器：数字万用表、数字示波器、恒温焊台、直流稳压电源。

工具：斜口钳、尖嘴钳、镊子。

2. 各组根据附录 C 图 C-1 CC2530 核心板原理图填写材料清单，并依据材料清单领取原材料。

3. 完成 CC2530 核心电路板焊接。

图 Z1-1　CC2530 核心板

4. 完成 CC2530 核心电路板调试。

（1）观察。观察电路板有无连焊、虚焊、漏焊和错件，安装方向是否正确？

观察结果：

（2）不带电测量电源是否短路？

测试方法：将数字万用表旋至通断挡，测试 C16 两端的阻值。

测试结果：

如果短路，问题是：

（3）带电测量电源电压。

测试方法：连接仿真器。

测试结果：

① 电源指示发光二极管 D1 是否亮：

如果不亮，那是什么问题？

② 测量电源 VDD 电压：　　 V　（正常电压 3.3V 左右）。

如果电压不正常，那是什么问题？

（4）仿真下载测试。

将 CC2531 核心板安装到已调试好的功能板上，然后通过 SmartRF04EB 仿真器与电脑连接，用 IAR 在线仿真系统进行程序下载测试。

测试结果：

如果无法下载，原因是：

◢◣ 小制作2 交通灯仿真板

【任务描述】

完成交通灯仿真板的焊接及调试，实物见图 Z2-1。

图 Z2-1 交通灯仿真板

【计划与实施】

1. 仪器、工具及辅料（焊锡）准备及查验。

仪器：数字万用表、数字示波器、恒温焊台、直流稳压电源。

工具：斜口钳、尖嘴钳、镊子。

2. 各组根据附录C图 C-2 交通灯仿真板原理图填写材料清单，并依据材料清单领取原材料。

3. 完成交通灯仿真板焊接。

4. 完成交通灯仿真板调试。

(1) 观察。观察电路板有无连焊、虚焊、漏焊和错件，安装方向是否正确？

观察结果：

(2) 不带电测量电源是否短路？

测试方法：将数字万用表旋至通断挡，分别测试 C2、C3 两端的阻值。

测试结果：

如果短路，问题是：

(3) 测量发光二极管方向是否正确，好坏？

测试方法：将数字万用表旋至通断挡，分别测试 LED 两端。用红表笔接至 LED 有白色丝印一端，黑表笔接至另一端，正常 LED 应亮。

测试结果：

如果有不亮的 LED，原因是：

(4) 带电测量电源电压？

测试方法：加 USB 供电电源。

测试结果：

① 电源指示发光二极管 D15 是否亮：

如果不亮是什么问题？

② 测量电源 VDD 电压：　　　V　（正常电压 5V 左右）

如果电压不正常是什么问题？

③ 测量电源 VCC 电压：　　　V　（正常电压 3.3V 左右）

如果电压不正常是什么问题？

（5）仿真下载测试。

将 CC2531 核心板安装到交通灯仿真板上，然后通过 SmartRF04EB 仿真器与电脑连接，用 IAR 在线仿真系统进行程序下载测试。

测试结果：

如果无法下载，原因是：

项目四　中断应用

【项目概述】

本项目学习的主要内容是 CC2530 单片机的中断的使用方法，一共包括 3 个任务，任务一用来理解单片机是如何执行中断程序的，掌握中断函数的格式和寄存器的配置方法。任务二通过静态数码管、任务三通过动态数码管的显示来进一步掌握中断的应用方法。

【项目目标】

知识目标

1. 掌握 CC2530 的中断原理。

2. 掌握 CC2530 的中断使能的"三级控制"概念。

3. 掌握 CC2530 的中断函数的处理流程。

4. 了解数码管结构原理。

5. 掌握静态和动态数码管显示方法。

6. 掌握 C 语言变量和常量相关知识。

7. 掌握数组概念及应用。

技能目标

1. 能够根据实际应用配置中断相关寄存器。

2. 能够用设计静态数码管显示程序。

3. 能够用设计动态数码管显示程序。

4. 能够合理使用变量类型。

5. 能够使用数组。

素质目标

1. 具备开阔、灵活的思维能力。

2. 具备积极、主动的探索精神。

3. 具备严谨、细致的工作态度。

任务一　外部中断

【任务描述】

项目三中行人过街按钮控制任务可以采用 CC2530 单片机的按键中断控制（外部中断）

来实现。本任务要求采用按键中断控制 LED（发光二极管）。体会单片机的"三级"中断使能控制，中断函数执行同主函数执行的关系。键盘中断原理图见图 3-18 行人过街按钮原理图。

【计划与实施】

1. 描述中断程序运行原理。

2. 外部中断寄存器配置练习。

（1）要求写出 P1.1 的外部中断初始化程序，触发方式：下降沿。

（2）要求写出 P0.1 的外部中断初始化程序，触发方式：下降沿。

（3）要求写出 P0.1 中断函数的基本格式。

（4）假如 P1IFG＝0x80，试说明 P1 各端口中断信号状态。

3. 利用 IAR 在线开发系统完成外部程序编写、调试及下载运行。

【任务资讯】

一、中断知识介绍

1. 中断的作用

有关中断作用的说法有两种。

（1）传统的说法　什么是中断？假如你正在看书，忽然电话响了，你接完电话后又继续看书，这就是生活中的中断例子。与此对照，单片机中也有同样的情况：CPU 正在执行主程序，突然被意外事件打断，转去执行处理意外事件的程序，CPU 执行处理意外事件的程序结束后，又回到主程序中继续执行，这样的过程就叫中断。

也就是说，这个"处理意外事件的程序"，我们计划的工作流程里没有它，在主程序中也不出现，它还不是一般的子程序，它是一种"意外"情况的处理程序。

前几个项目中，程序只能从头跑到尾，再从头到尾地死循环，它只能按照事先编写好的流程执行程序。但是现实中总会有一些意外情况出现，例如交通灯，正常情况下，红绿灯交替亮，那么在救护车、救火车通行时，能否临时设置红绿灯哪个亮呢？这样就需要打断原来的顺序，这就是中断。中断提高了程序的灵活程度，可以实现更多功能。

单片机中设置中断的作用主要有：对突发事故，做出紧急处理；根据现场随时变化的各种参数、信息，做出实时监控；CPU 与内部特殊功能并行工作，相互间交流信息用；CPU 与外部设备并行工作，以中断方式相联系，提高工作效率，解决快速 CPU 与慢速外设之间的矛盾等。

（2）还有一种说法　由于单片机中增加的特殊功能，一般都是独立模块，可以完成独立的功能。那么可不可以这样来看呢？——单片机由原来的单独完成任务，变成集体完成任务了。

比如：外部中断是 CPU 的侦察兵，如果出现意外，马上招呼 CPU 来处理。

定时/计数器是闹钟，告诉 CPU 定时时间到，CPU 按时间工作时用到。

串行通信是 CPU 的电话，CPU 需要与外界通话时用。

这样看来，特殊功能模块就像 CPU 的助手来帮助 CPU 分担一些特殊功能。当 CPU 需要这些功能的时候，CPU 需要告诉这些助手具体的工作要求，当 CPU 发出开始工作指令后，助手开始按要求进行工作，CPU 交代完指令后，也去做自己的工作。这时，单片机里就有了多项功能同时在进行工作。当助手完成 CPU 交代的工作后，需要告诉 CPU 执行的状况和结果，必然要和 CPU 沟通。沟通方法之一就是申请 CPU 中断自己的工作，来处理助手的工作要求，CPU 处理完助手的工作后，又去接着执行 CPU 自己的工作。

中断技术是 CPU 管理其他特殊功能的一种非常有效的手段。当 CPU 需要这些特殊功能，可以开启相应功能的中断，当不需要的时候可以关闭这些中断。就像手机里的闹铃，用的时候开启，不用的关闭。闹铃开启后还要设定响的时间和响的形式，时间到闹铃就会按我们设定的要求响；闹铃关闭后，即使时间到了也不响。

2. 中断屏蔽、处理和优先级

（1）中断源　能够产生中断信号的地方。不同型号的单片机，中断源的个数不同，使用时需要在相应型号的单片机手册中查找确认。针对每个中断源的用法，在单片机手册中都会有介绍。

CC2530 单片机有 18 个中断源，每个中断源都有它自己的位于一系列 SFR 寄存器中的中断请求标志。相应标志位请求的每个中断可以分别使能或禁用。中断源的定义和中断向量如表 4-1 所示。

表 4-1　CC2530 中断概览

中断号码	描述	中断名称	中断向量	中断屏蔽	中断标志
0	0RF TX FIFO 下溢或 RX FIFO 溢出	RFERR	03h	IEN0. RFERRIE	TCON. RFERRIF
1	ADC 转换结束	ADC	0Bh	IEN0. ADCIE	TCON. ADCIF
2	USART0 RX 完成	URX0	13h	IEN0. URX0IE	TCON. URX0IF
3	USART1 RX 完成	URX1	1Bh	IEN0. URX1IE	TCON. URX1IF
4	AES 加密/解密完成	ENC	23h	IEN0. ENCIE	S0CON. ENCIF
5	睡眠计时器比较	ST	2Bh	IEN0. STIE	IRCON. STIF
6	端口 2 输入	P2INT	33h	IEN2. P2IE	IRCON2. P2IF
7	USART0 TX 完成	UTX0	3Bh	IEN2. UTX0IE	IRCON2. UTX0IF
8	DMA 传送完成	DMA	43h	IEN1. DMAIE	IRCON. DMAIF
9	定时器 1(16 位)捕获/比较/溢出	T1	4Bh	IEN1. T1IE	IRCON. T1IF
10	定时器 2	T2	53h	IEN1. T2IE	IRCON. T2IF
11	定时器 3(8 位)捕获/比较/溢出	T3	5Bh	IEN1. T3IE	IRCON. T3IF
12	定时器 4(8 位)捕获/比较/溢出	T4	63h	IEN1. T4IE	IRCON. T4IF
13	端口 0 输入	P0INT	6Bh	IEN1. P0IE	IRCON. P0IF
14	USART 1 TX 完成	UTX1	73h	IEN2. UTX1IE	IRCON2. UTX1IF
15	端口 1 输入	P1INT	7Bh	IEN2. P1IE	IRCON2. P1IF
16	RF 通用中断	RF	83h	IEN2. RFIE	S1CON. RFIF
17	看门狗计时溢出	WDT	8Bh	IEN2. WDTIE	IRCON2. WDTIF

中断分别组合为不同的、可以选择的优先级别。

（2）中断屏蔽　每个中断请求可以通过设置中断使能 SFR 寄存器的中断使能位 IEN0，

IEN1 或者 IEN2 使能或禁止。CPU 的中断使能 SFR 如下面描述并总结在表 4-1 中。

　　注意：某些外部设备有若干事件，可以产生与外设相关的中断请求。这些中断请求可以作用在端口 0、端口 1、端口 2、定时器 1、定时器 2、定时器 3、定时器 4 和无线电上。对于每个内部中断源对应的 SFR 寄存器，这些外部设备都有中断屏蔽位。

　　为了使能任一中断功能，应当采取下列步骤。

　　① 清除中断标志。

　　② 如果有，则设置 SFR 寄存器中对应的各中断使能位为 1（一级中断使能控制）。

　　③ 设置寄存器 IEN0、IEN1 和 IEN2 中对应的中断使能位为 1（二级中断使能控制）。

　　④ 设置 IEN0 中的 EA 位为 1 使能全局中断（三级中断使能控制）。

　　⑤ 在该中断对应的向量地址上，运行该中断的服务程序。关于地址见表 4-1。

　　由上面描述可知：CC2530 中断正常运行需要打开"三级开关"，否则中断无效；其中第 1 点说明必须有中断标志位才能进入中断，但如果标志位一直存在将阻止新一轮中断，中断事件处理完成后应清除中断标志，清除方法有两种：硬件自动清除和软件清除；第 5 点说明，每个中断函数的入口地址是一定的，按表 4-1 中说明。

　　（3）中断优先级　中断的执行是有优先级的，当进行中断服务请求时，不允许被较低级别或同级的中断打断，但可以被级别高的中断打断。

　　中断的优先级可以通过软件进行指定。

　　当多个同等级别的中断同时发生，进行排队等候时，单片机会依据固定的次序查询处理，其次序即为表 4-1 所示的中断号码，其中号码小的中断将会先执行。

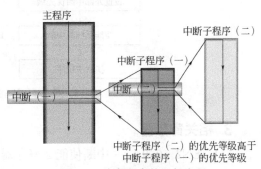

图 4-1　中断程序的运行流程

　　（4）中断处理　在主程序运行中，当中断发生时，CPU 就指向表 4-1 所描述的中断向量地址，并保存当前程序运行状态。一旦中断服务开始，就只能够被更高优先级的中断打断。中断服务程序由中断指令 RETI（从中断指令返回）终止，当 RETI 执行时，CPU 将返回到中断发生时的主程序下一条指令，如图 4-1 所示。

　　当中断发生时，不管该中断使能或禁止，CPU 都会在中断标志寄存器中设置中断标志位。如果当设置中断标志时中断使能，那么在下一个指令周期，由硬件强行产生一个 LCALL 到对应的向量地址，运行中断服务程序。

　　中断的响应需要不同的时间，取决于该中断发生时 CPU 的状态。当 CPU 正在运行的中断服务程序，其优先级大于或等于新的中断时，新的中断暂不运行，直至新的中断的优先级高于正在运行的中断服务程序。在其他情况下，中断响应的时间取决于当前的指令，最快响应一个中断的时间是 7 个机器指令周期，其中 1 个机器指令周期用于探测中断，其余 6 个用来执行 LCALL。

二、外部中断

1. 外部中断介绍

　　本任务要求的按键中断控制属于外部中断，那么什么是外部中断呢？外部中断，即从单片机的 I/O 口向单片机输入电平信号，当输入电平信号的改变符合设置的触发条件时，中断系统便会向 CPU 提出中断请求。CC2530 的外部中断共包括三组：

I/O 端口 0 外部中断；

I/O 端口 1 外部中断；

I/O 端口 2 外部中断。

2. 外部中断流程

外部中断初始化流程如图 4-2 所示，中断使能需要三级开关控制，分别需要设置的 SFR（特殊功能寄存器）有 IEN2、P1IEN 和 EA。PICTL 是用于设置中断触发方式的，选择上升沿触发⎍或者下降沿触发⎍方式。中断优先级设置本书暂不涉及。

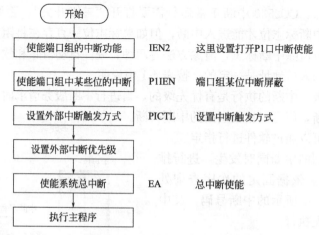

图 4-2　外部中断初始化流程

3. 相关寄存器

（1）IEN2（0x9A）- 中断使能 2 寄存器（表 4-2）

例：IEN2=（10）$_{16}$=（00010000）$_2$，表示 P1 端口运行进入中断，而看门狗定时器等不运行进入中断。

表 4-2　IEN2（0x9A）- 中断使能 2

位	名称	复位	R/W	描述
7:6	—	00	R0	没有使用，读出来是 0
5	WDTIE	0	R/W	看门狗定时器中断使能 0：中断禁止　　　　1：中断使能
4	P1IE	0	R/W	端口 1 中断使能 0：中断禁止　　　　1：中断使能
3	UTX1IE	0	R/W	USART 1 TX 中断使能 0：中断禁止　　　　1：中断使能
2	UTX0IE	0	R/W	USART 0 TX 中断使能 0：中断禁止　　　　1：中断使能
1	P2IE	0	R/W	端口 2 中断使能 0：中断禁止　　　　1：中断使能
0	RFIE	0	R/W	RF 一般中断使能 0：中断禁止　　　　1：中断使能

（2）P1IEN 中断屏蔽（表 4-3）

例：P1IEN＝（12）$_{16}$＝（00010010）$_2$，表示 P1.4、P1.1 运行中断，其他 P1.0、P1.2 等 5 个端口不允许中断。

表 4-3　P1IEN 中断屏蔽

位	名称	复位	R/W	描述
7：0	P1_[7：0]IEN	0x00	R/W	P1.7～P1_0 中断使能 0：中断禁止 1：中断使能

（3）IEN0 中断使能 0（表 4-4）

EA＝0，表示所有的中断都被禁止。

EA＝1，表示所有的中断都被运行（具体还要配合每个中断源的分别使能设置）。

表 4-4　IEN0 中断使能 0

位	名称	复位	R/W	描述
7	EA	0	R/W	禁止所有中断 0：无中断被确认 1：通过设置对应的使能位将每个中断源分别使能和禁止

（4）P1IFG - P1 中断状态标志（表 4-5）

表示 P1 中断端口有无中断信号待处理。

例：P1IFG＝（01）$_{16}$＝（00000001）$_2$，表示 P1.0 端口有中断信号待处理。

表 4-5　P1IFG-P1 中断状态标志

位	名称	重置	读写	描述
7：0	P1IF[7：0]	0x00	R/W0	P1. 位 7～0 接脚的输入中断标志位,当输入的一个接脚有中断请求未决信号,其对应的中断标志位将置 1

（5）IRCON2 - 中断标志 5（表 4-6）

例：IRCON2＝（08）$_{16}$＝（00001000）$_2$，表示 P1 端口有中断信号待处理，具体是 P1.0～P1.7 的哪个口要看 P1IFG 的数值。

表 4-6　IRCON2-中断标志 5

位	名称	重置	读写	描述
7:5	—	000	R/W	没有使用
4	WDTIF	0	R/W	看门狗定时器中断标志 0：无中断未决；1：中断未决
3	P1IF	0	R/W	端口 1 中断标志 0：无中断未决；1：中断未决
2	UTX1IF	0	R/W	USART 1 TX 中断标志 0：无中断未决；1：中断未决
1	UTX0IF	0	R/W	USART 0 TX 中断标志 0：无中断未决；1：中断未决

位	名称	重置	读写	描述
0	P2IF	0	R/W	端口2中断标志 0:无中断未决;1:中断未决

4. 中断服务函数的编写格式

在 IAR 编程环境中，中断服务函数有特定的书写格式。

```
# pragma  vector = 中断向量
__interrupt  void 函数名称(void)
{
    /* 此处编写中断处理程序*/
}
```

说明：在每一个中断服务函数之前，都要加上一行起始语句：

```
# pragma  vector  = 中断向量
```

"中断向量"表示接下来要写的中断服务函数是为哪个中断源进行服务的，参照表 4-1。该语句有两种写法，比如为任务所需的 P1 口中断编写中断服务函数时：

```
# pragma  vector = 0x78 或  # pragma  vector = P1INT_VECTOR
```

三、外部中断程序

```
//程序名称:外部中断.c
//程序功能:通过按键触发外部中断,控制 2 个 LED 亮灭
# include "ioCC2530.h" //引用 CC2530 头文件
# define LED1(P0_1)      //LED1 端口宏定义
# define LED2(P0_2)      //LED1 端口宏定义
# define SW1  (P1_0)     //SW1 端口宏定义


/*******************************************************
函数名称:main
*******************************************************/
void main(void)
{
    P0SEL &=  ~0x06;          //设置 P0_1 口和 P0_2 为通用 I/O 口
    P1SEL &=  ~0x01;          //设置 P1_0 口为通用 I/O 口
    P0DIR |= 0x06;            //设置 P0_1、P0_2 口为输出口
    P1DIR &=  ~0x01;          //设置 P1_0 口为输入口
    LED1 = 0;                 //熄灭 LED1
    LED2 = 1;                 //点亮 LED2

    /*************新增外部中断初始化部分 ***************/
    IEN2 |= 0x10;             //使能 P1 口中断
    P1IEN |= 0x01;            //使能 P1_0 口中断
    PICTL |= 0x02;            //P1_3 到 P1_0 口下降沿触发中断
```

```
        EA = 1;                          //使能总中断
        while(1)//程序主循环
        {
                                         //主循环无操作,LED控制在中断函数中实现
        }
}
/ *****************************************************************
中断函数名称:P1_INT
 *****************************************************************/
# pragma   vector =  P1INT_VECTOR
__interrupt void P1_INT(void)
{
        if(P1IFG & 0x01)          //如果 P1_0口中断标志位置位
        {
            if(flag_Pause = =  0)
            {
                flag_Pause = 1;
                LED1 = 1;    //LED1灯亮
                LED2 = 0;    //LED2灯灭
            }
            else
            {
                flag_Pause =  0;
                LED2 = 1;    //LED2灯亮
                LED1 = 0;    //LED1灯灭
            }
            P1IFG &=  ~0x01;       //清除 P1_0口中断标志位
        }
        P1IF = 0;                       //清除 P1口中断标志位
}
```

【任务拓展】

如何使用按键控制流水灯"流"和"停"?

【任务评估】

1. 掌握 CC2530 单片机的中断原理。

2. 掌握外部中断寄存器配置。

3. 掌握中断处理过程。

任务二　1位计数器

【任务描述】

生活中有很多的电子计数器。要求通过1位数码管显示按键按动的次数,要求按键为外部中断输入,数值范围为0~9。

【计划与实施】

1. 练习：静态数码管显示。

（1）例程：

```
//程序名称:静态数码管显示.c
//程序功能:静态数码管显示
# include "ioCC2530.h" //引用 CC2530 头文件
void main(void)
{
    P0DIR |= 0x0ff;              //设置 P0 口全部为输出口
    P0= 0X3f;                    //显示 0
    while(1)                     //程序主循环,空循环,无操作
    { }
}
```

（2）根据任务一例程写出 smg [0] = (　　　)；smg [3] = (　　　)。

（3）根据任务一例程写出说明：

变量"jishu"的数据类型是（　　　），取值范围是（　　　　　　）。

数组"smg"的数据类型是（　　　），取值范围是（　　　　　　）。

（4）分别定义一个整型变量和无符号字符型变量，并赋初值0。

（5）根据上述例程显示自己的组号，电路原理图见图4-4。

2. 完成1位计数器程序编写、编译、下载及功能调试。

【任务资讯】

一、数码管工作原理

1. 数码管结构

数码管由8个发光二极管（以下简称字段）构成，通过不同的组合可用来显示数字0~9、字符A~F、H、L、P、R、U、Y，符号"–"及小数点"."等。数码管的外形结构如图4-3（a）所示；数码管又分为共阴极和共阳极两种结构，如图4-3（b）所示；一位数码管外形如图4-3（c）所示。

2. 数码管工作原理

共阳极数码管的8个发光二极管的阳极连接在一起，公共阳极接高电平（一般接电源），其他管脚接段驱动电路输出端，如图4-3（b）所示。当某段驱动电路的输出端为低电平时，则该端所连接的字段导通并点亮，根据发光字段的不同组合，可显示出各种数字或字符。此时，要求段驱动电路能吸收额定的段导通电流，还需根据外接电源及额定段导通电流来确定相应的限流电阻。

共阴极数码管的8个发光二极管的阴极连接在一起，如图4-3（b）所示，通常公共阴极接低电平（一般接地），其他管脚接段驱动电路输出端，当某段驱动电路的输出端为高电平时，则该端所连接的字段导通并点亮，根据发光字段的不同组合可显示出各种数字或字符。同样，要求段驱动电路能提供额定的段导通电流，还需根据外接电源及额定段导通电流来确定相应的限流电阻。

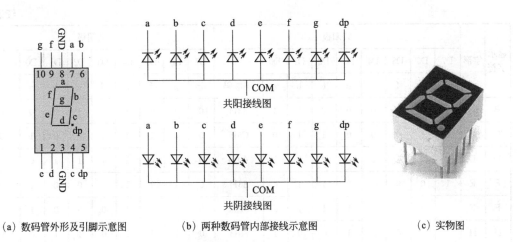

(a) 数码管外形及引脚示意图	(b) 两种数码管内部接线示意图	(c) 实物图

图 4-3 常用的 7 段 LED 数码管的结构

3. 数码管字形编码

要使数码管显示出相应的数字或字符，必须使段数据口输出相应的字形编码。对照图 4-3 (a)、(b)，字形码各位定义如下。

数据线 D0 与 a 字段对应，D1 与 b 字段对应……依此类推。如使用共阳极数码管，数据为"0"表示对应字段亮，数据为"1"表示对应字段灭；如使用共阴极数码管，数据为"0"表示对应字段灭，数据为"1"表示对应字段亮。例如要显示"0"，共阳极数码管的字形编码应为 11000000B（即 C0H）；共阴极数码管的字形编码应为 00111111B（即 3FH）。依此类推可求得数码管字形编码如表 4-7 所示。

表 4-7 数码管字形编码表

显示字符	字形	共阳极									共阴极								
		D7	D6	D5	D4	D3	D2	D1	D0		D7	D6	D5	D4	D3	D2	D1	D0	
		dp	g	f	e	d	c	b	a	字形码	dp	g	f	e	d	c	b	a	字形码
0	0	1	1	0	0	0	0	0	0	C0H	0	0	1	1	1	1	1	1	3FH
1	1	1	1	1	1	1	0	0	1	F9H	0	0	0	0	0	1	1	0	06H
2	2	1	0	1	0	0	1	0	0	A4H	0	1	0	1	1	0	1	1	5BH
3	3	1	0	1	1	0	0	0	0	B0H	0	1	0	0	1	1	1	1	4FH
4	4	1	0	0	1	1	0	0	1	99H	0	1	1	0	0	1	1	0	66H
5	5	1	0	0	1	0	0	1	0	92H	0	1	1	0	1	1	0	1	6DH
6	6	1	0	0	0	0	0	1	0	82H	0	1	1	1	1	1	0	1	7DH
7	7	1	1	1	1	1	0	0	0	F8H	0	0	0	0	0	1	1	1	07H
8	8	1	0	0	0	0	0	0	0	80H	0	1	1	1	1	1	1	1	7FH
9	9	1	0	0	1	0	0	0	0	90H	0	1	1	0	1	1	1	1	6FH
A	A	1	0	0	0	1	0	0	0	88H	0	1	1	1	0	1	1	1	77H

续表

显示字符	字形	共阳极									共阴极								
		D7	D6	D5	D4	D3	D2	D1	D0		D7	D6	D5	D4	D3	D2	D1	D0	
		dp	g	f	e	d	c	b	a	字形码	dp	g	f	e	d	c	b	a	字形码
B	B	1	0	0	0	0	0	1	1	83H	0	1	1	1	1	1	0	0	7CH
C	C	1	1	0	0	0	1	1	0	C6H	0	0	1	1	1	0	0	1	39H
D	D	1	0	1	0	0	0	0	1	A1H	0	1	0	1	1	1	1	0	5EH
E	E	1	0	0	0	0	1	1	0	86H	0	1	1	1	1	0	0	1	79H
F	F	1	0	0	0	1	1	1	0	8EH	0	1	1	1	0	0	0	1	71H
H	H	1	0	0	0	1	0	0	1	89H	0	1	1	1	0	1	1	0	76H
L	L	1	1	0	0	0	1	1	1	C7H	0	0	1	1	1	0	0	0	38H
P	P	1	0	0	0	1	1	0	0	8CH	0	1	1	1	0	0	1	1	73H
R	R	1	1	0	0	1	1	1	0	CEH	0	0	1	1	0	0	0	1	31H
U	U	1	1	0	0	0	0	0	1	C1H	0	0	1	1	1	1	1	0	3EH
Y	Y	1	0	0	1	0	0	0	1	91H	0	1	1	0	1	1	1	0	6EH
–	–	1	0	1	1	1	1	1	1	BFH	0	1	0	0	0	0	0	0	40H
.	.	0	1	1	1	1	1	1	1	7FH	1	0	0	0	0	0	0	0	80H
熄灭	灭	1	1	1	1	1	1	1	1	FFH	0	0	0	0	0	0	0	0	00H

二、1位计数器的电路原理

1位计数器的电路原理如图4-4所示。

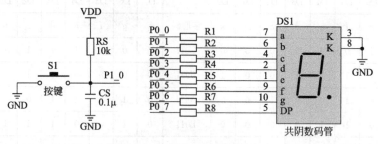

图4-4　1位计数器的电路原理图

如图4-4所示，DS1为共阴数码管，公共端3脚和8脚接到地上，数码管的段由单片机的P0口控制，电阻R1～R8为各段的限流电阻，电阻越小，数码管越亮，但同时应考虑功耗和单片机I/O口的带载能力，电阻不宜过小，以免烧毁单片机，这里电阻的值取1kΩ。

按键的输入端口为P1.0。

三、1位计数器的程序

```
//程序名称:1位计数器.c
//程序功能:通过1位数码管显示按键的按动次数
```

```
# include "ioCC2530.h"    //引用 CC2530 头文件
# define P0   duanma        //端口宏定义
# define SW1  (P1_0)        //S1 端口宏定义
unsigned int  jishu= 0;  //定义变量,并赋初值 0
unsigned char smg[ ]= {0x3f,0x06,0x5b,0x4f,0x66,0x6d,0x7d,0x07,0x7f,0x6f};
                        //定义数组,为共阴极数码管编码
/ *********************************************************
函数名称:main
**********************************************************/
void main(void)
{
    P0SEL &= ~0x0ff;      //设置 P0 口为通用 I/O 口
    P1SEL &= ~0x01;       //设置 P1_0 口为通用 I/O 口
    P0DIR |= 0x0ff;       //设置 P0 口全部为输出口
    P1DIR &= ~0x01;       //设置 P1_0 口为输入口
    duanma= 0x3f;         //数码管初始显示为 0
    / ************外部中断初始化部分 ***************/
    IEN2 |=  0x10;        //使能 P1 口中断
    P1IEN |= 0x01;        //使能 P1_0 口中断
    PICTL |=  0x02;       //P1_3 到 P1_0 口下降沿触发中断
    EA = 1;               //使能总中断
    while(1) //程序主循环
    {
                         //主循环无操作,LED 控制在中断函数中实现
    }
}
/ *********************************************************
中断函数名称:P1_INT
**********************************************************/
# pragma  vector = P1INT_VECTOR
__interrupt void P1_INT(void)
{
    if(P1IFG & 0x01)      //如果 P1_0 口中断标志位置位
    {
        jishu+ + ;        //按键计次
        if(jishu> = 10)   //如果按键次数大于或等于 10,归 0
            jishu= 0;
        duanma=  smg[jishu ];  //取数码管显示段码
        P1IFG &= ~0x01;   //清除 P1_0 口中断标志位
    }
    P1IF = 0;             //清除 P1 口中断标志位
}
```

四、C 语言知识学习(五)——预处理命令和变量

1. C 语言预处理命令

预处理命令以符号"#"开头。预处理的含义是在编译之前进行的处理。C 语言的预处

理主要有三个方面的内容：宏定义、文件包含和条件编译。

（1）宏定义　又称为宏代换、宏替换，简称"宏"。比如：

＃define PAI　　3.1415

＃define　uint　　unsigned int

以上两个语句的意思很好理解，就是编译之前确定一下 PAI 能代替"3.1415"，uint 能代替"unsigned int"。可见掌握"宏"概念的关键是"代替"。

使用宏的注意事项：宏定义末尾不加分号"；"，宏定义通常写在文件的最开头。

（2）文件包含　就是一个文件包含另一个文件的内容。

比如：＃include " ioCC2530.h "

IAR 软件中，一个项目里面，可以有很多个我们编写的程序文件，通过这种包含关系，才可以把它们连接在一起。这里的 ioCC2530.h，是别人已经编好的一个头文件，它把 CC2530 单片机中最常见的寄存器和寄存器地址给我们定义好了。例如 P1.2 引脚 "ioCC2530.h" 里规定是 P1_2。就是说我们使用 CC2530 单片机的每个寄存器都要按照 "ioCC2530.h" 规定来。

（3）条件编译　有些语句或文件希望在条件满足时才编译。其标准格式如下：

```
# ifdef    表达式
程序段 1
# else
程序段 2
# endif
```

当表达式成立时，编译程序段 1；当不成立时，编译程序段 2。在大程序中，使用条件编译可以使目标程序变小，运行时间变短。

（4）头文件的编写方法

步骤一：用 IAR 软件，建立 yanshi.c 文件。

输入以下内容：

```
void yanshi(unsigned int y)
{
while(y--);
}
```

步骤二：用 IAR 软件，建立 yanshi.h 文件。

输入以下内容：

```
# ifndef __yanshi_H__
# define __yanshi_H__
extern voidyanshi(unsigned int y);
# endif
```

步骤三：将 yanshi.h 和 yanshi.c 放在工程的文件夹里，并在 IAR 中将 yanshi.c 添加到项目中（右键项目，选择 Add → 'yanshi.c'），要用到 yanshi（）函数的话，include "yanshi.h" 就行了，例如：

```
# include < ioCC2530.h >
# include "yanshi.h"
void main()
{
yanshi(1000);
```

```
while(1);
}
```

2. 常量

常量是在程序执行过程中不变的量。常量在程序中经常直接出现，不需要分配存储空间。如 123、4.9、0xf8、'a'、"computer"。

常量的分类：

（1）不同进制的数据

十进制。例如 10、35、−1289。

八进制，以 O 开头。例如 O10（O 是字母），对应十进制的 8。

十六进制，以 0x 开头。例如 0x10，对应十进制的 16。

（2）字符型数据　即普通字符用单引号括起来。在 C 语言中，字符型数据是用 ASCⅡ 码来表示和储存的。例如 'A'，其 ASCⅡ 码值是 65；'a'，其 ASCⅡ 码值是 97。

（3）符号常量　即用符号代替一个指定的常量。对于符号常量应该先定义后使用。一旦定义，在程序中凡是出现常量的地方均可用符号常量名来代替。对使用了符号常量的程序在编译前会以实际常量替代符号常量。

定义格式如下：

#define 符号常量　常量

例：#define PAI　3.1415

　　#define uint　unsigned int

　　#define uchar　unsigned char

3. 变量

变量是程序运行时可以随时改变的量。变量存放在存储单元中，通过变量可以对存储单元内的数据进行修改、存取。定义变量时，需要确定变量的数值范围大小，决定占用多大内存单元。比如延时子程序中的"y"是一种在程序执行过程中其值不断减一的量，这样的数据应存放在内存的 RAM 中。

定义变量就是为变量分配合适的内存单元，应根据变量在程序运行中可能出现的最大值和最小值来为变量安排合适的内存单元，即数据类型。

定义变量至少应说明两个方面的内容：①变量的名字，用来区分不同的变量（也就是不同的内存单元）。②变量所需要的内存空间大小，就是数据类型。

定义变量时应注意以下几点。

① 变量名不能与系统的关键字（保留字）同名。

② 变量名不能重复（在同一函数中或所有的全局变量）。

③ 在定义变量时可以同时对变量赋值，如果没有赋值的话默认为 0。

④ 变量的名字区分大小写。

⑤ 如果对变量实际所赋的值超出了变量所定义类型的范围，将产生溢出。

⑥ 变量必须先定义后使用。

4. C 语言数据类型

数据是计算机操作的对象，任何程序设计都要进行数据的处理。具有一定格式的数字或数值叫作数据，数据的不同格式叫作数据类型。

划分数据类型的意义：为了科学的分配单片机内存空间单元，就是根据实际要存储的数据大小来安排适当字节数的内存单元，具体如表 4-8 所示。

（1）字符型　占用 1 个内存单元，它又分为无符号字符型和有符号字符型。

无符号字符型：标示符号为 unsigned char，可以存储数值范围是 0～255。

例如：unsigned　char　a；
　　　unsigned　char　b，c；
　　　unsigned　char　z＝214；
　　　unsigned　char x＝'m'；　　　//将 m 的 ASCII 码赋给 x

有符号字符型：标示符号为 char，可以存储数值范围是－128～＋127。这时最高位被规定为符号位（0 为正数，1 为负数），故真正的数值位只有 7 位。

例如：char　a；
　　　char　temp，s＝－32；
　　　char　b＝65；

（2）整型数据　占用两个内存单元。

无符号整型：标示符号为 unsigned int，可以存储数值范围是 0～65535。

例如：unsigned int a；
　　　unsigned int c＝4325；

有符号整型：标示符号为 int，可以存储数值范围是－32768～＋32767，最高位是符号位（0 为正数，1 为负数）。

例如：int a；
　　　int b，d，tem；
　　　int a＝435，b＝-2139，c＝－65534；

（3）长整型　占 4 个字节，包括有符号长整形（unsigned long）和无符号长整形（unsigned long）。unsigned long 可以存储 0～4294967295；signed long 可以存储－2147483648～＋2147483647。

（4）单精度浮点型　占 4 个字节单元，标示符号为 float，可存储数值范围是±1.175494E-38～±3.402823E＋38。

例如：float　a＝9.435；
　　　float　b＝-0.98；

（5）位类型　bit 只占 1 位。其值不是 1 就是 0。

（6）特殊功能寄存器 sfr　占用 1 个内存单元。其值必须是 51 单片机的特殊功能器地址。

例如：sfr　P1＝0X90；//就是说 P0 代表内部 RAM 的 0x90 单元

（7）16 位特殊功能寄存器　sfr16，占 2 个字节。

例如：8052 单片机中的定时器 2 是 1 个 16 位的特殊功能寄存器，其低 8 位和高 8 位的地址分别是 0xcc 和 0xcd；这样就可以用 sfr16　T2＝0xcc；来表示该定时器。

注意：这里用低 8 位的地址来表示，在实际中高 8 位的地址在物理上紧跟在低 8 位之后。

（8）特殊功能寄存器的可位寻址位　sbit　用来表示特殊功能寄存器的可位寻址位。

例如：sbit　P00＝P0_0；　就是用 p00 来表示 P0 口的第 0 位；

sbit　deng＝P2_5；　就是用 deng 来表示 P2 口的第 5 位。

ZARC51 基本数据说明见表 4-8。

表 4-8 ZARC51 基本数据说明

序号	数据类型	位数	字节数	数值范围
1	unsigned char	8	1	0~255
2	char	8	1	-128~+127
3	unsigned int	16	2	0~65535
4	int	16	2	-32768~+32767
5	unsigned long	32	4	0~4294967295
6	signed long	32	4	-2147483648~+2147483647
7	float	16+16	4	±1.175494E-38~±3.402823E+38
8	bit	1		1、0
9	sfr	8	1	单片机内部特殊功能寄存器区
10	sfr16	16	2	单片机内部 16 位特殊功能寄存器
11	sbit	1		特殊功能寄存器中的可位寻址位

五、C 语言知识学习（六）——数组知识

1. 数组知识

（1）数组是将类型相同且按照特定顺序排列的一组数存放在存储器（ROM 或 RAM）中，所以数组在内存中是一个连续的数据块，数据块中的每一个数就是数组的一个元素，数组的每个元素的类型必须一样。数组也是把同一类的数据（比如整数、实数、字符等）放在一起，统一存放，统一定义，方便编程。在 C 语言中，数组必须先定义后使用。

（2）定义一个数组，需要说明该数组的数据类型（也就是各个元素的数据类型）和数组的名字，数组的名字代表这个数组的第一个元素在内存中的地址。

所以，只要知道数组的名字，就可以找到该数组的第一个元素在内存中的位置，再根据该数组的数据类型，就可以推算出该数组其他元素在内存中的位置（这一点对理解数组指针很重要）。

（3）数组的定义与初始化。

数组可以放在 ROM 和 RAM 中，如果是放在 RAM 中，则可以不初始化（赋初值），在系统运行时才根据需要进行赋值。如果数组放在 ROM 中就必须赋初值，因为 ROM 在程序运行时不能进行数据更改，所以根据数组放的位置可分为动态数组（放 RAM 中）和静态数组（放 ROM 中）。由于单片机的 RAM 有限，静态数组一般应放在 ROM 中。

（4）静态数组的定义方法。

数组类型　code　数组名［元素个数］＝{…}；

code 表示数组以代码形式存在 ROM 中，这样其元素的值在下载程序时就固化到 ROM 中，运行程序时不能更改，各元素之间用逗号隔开。

例如：数码管的段码一般以数组形式放在 ROM 中。

uchar code duanma［10］＝{0xc0, 0xf9, 0xa4, 0xb0, 0x99, 0x92, 0x82, 0xf8, 0x80, 0x90}；

当数组已经定义了初值，［　］中的 10 可以省略，系统会自己计算数组的元素个数。

（5）动态数组的定义方法。

数组类型　数组名［元素个数］＝｛…｝；

char　ch［20］；　　//定义字符数组 ch，有 20 个元素，各元素默认值为 0

当数组中的元素全为字符时（即字符串数组），可以用如下方法定义：

uchar　code　zufu［］＝"大家好"；

uchar　code　zufu［］＝"abcd"；//这时内存中存放的是对应字符的 ASCⅡ码值

uchar　code　zufu［］＝"你好 ab"；

uchar　　zufu［］＝"你好 ab"；

（6）数组的引用。

数组的元素名：数组的元素号从 0 开始。

例如：

uchar　code　shuzi［］＝｛0，1，2，3，4，5｝；//无符号字符型 静态 名字是 shuzi

说明：

shuzi［0］；//代表数组的第一个元素，即 0

shuzi［4］＝3；//把 3 赋给数组的 3 号元素（第 4 个元素）

a＝shuzi［2］；//把数组的 2 号元素赋给 a 变量

P0＝shuzi［1］；

shuzi［0］＝4；

shuzi［3］＝'e'；//把 e 的 ASCⅡ码赋给数组的 3 号元素

2. 指针简介

（1）指针的概念。变量在内存中所在的存储单元的地址即为该变量的指针。

通过指针可以找到某一个变量的地址，从而获得该变量的值。

（2）指针的定义。定义指针就是确定一个内存单元来存放另一个变量的地址。定义指针的方法是利用指针说明符："＊"。

例如：int ＊p；　　//定义了一个整形指针，p 只能用来存放整形变量的地址

　　　char ＊m；//定义了一个无符号字符型指针。m 只能用来存放无符号字符

　　　　　　　//型变量的地址

（3）指针的初始化。将某一个变量的地址放到该指针中就叫作指针的初始化（赋值）

例如：int　a；

　　　int ＊p；

　　　a＝214；

　　　p＝&a；　　//取变量 a 的地址送到指针变量 p 中，&a 表示取 a 的地址

（4）通过指针取变量的值。

int a＝157，u；　　//定义变量 a 并赋初值 157，定义一个变量 u

int ＊p；　　　　//定义指针 p

P＝&a；　　　　//将指针 p 指向变量 a

u＝＊p；　　　　//取 p 所指变量的值赋给变量 u＝157

（5）数组的指针就是数组第一个元素的指针。

uchar　code　shuzu［］＝｛1，3，5，7，9｝；

uchar　＊p，＊q，t，m；

```
p=&shuzu [0];        //
q=&shuzu [4];
t=shuzu [2];
p=shuzu [ ];          //p 指向数组的首元素
```

【任务拓展】

按键显示数值范围 0~10，10 用 A 表示。

【任务评估】

1. 掌握不同类型变量的定义方法和取值范围。
2. 掌握数组的应用。
3. 掌握静态数码管编码原理。
4. 进一步熟悉外部中断应用原理。

任务三　多位计数器

【任务描述】

学会动态显示技术的编程，学会使用一维数组，理解单片机控制多位数码管电路图，会编写相应程序。

【计划与实施】

1. 练习：动态数码管显示。

（1）例程。

```c
# include "ioCC2530.h" //引用 CC2530 头文件
# define A      P2_0      //P2.0 端口宏定义
# define B      P2_1      //P2.1 端口宏定义
# define C      P2_2      //P2.2 端口宏定义
unsigned char smg[ ]= {0x3f,6,0x5b,0x4f,0x66,0x6d,0x7d,7,0x7f,0x6f,0};
                    //定义数组,为共阴极数码管编码
/***********************************************************
函数名称:delay
***********************************************************/
void delay(unsigned int time)
{
    unsigned int i;
    unsigned char j;
    for(i = 0;i < time;i+ + )
        for(j = 0;j < 240;j+ + )
        {
            asm("NOP");//asm 用来在 C 代码中嵌入汇编语言操作,汇
            asm("NOP");//编命令 nop 是空操作,消耗 1 个指令周期
            asm("NOP");
        }
}
/***********************************************************/
```

```
void main(void)
{
    P0DIR |= 0x0ff;              //设置 P0 口全部为输出口
    P2DIR |= 0x07;               //设置 P2.0、P2.1、P2.2 口为输出口
    A= 0;
    B= 0;
    C= 0;
while(1)//程序主循环,动态显示 8 位数码管
    {
    C= 0;//P2.0~P2.2= 000B,第一位数码管位选为低电平,亮,其他位为高电平,不亮
    B= 0;
    A= 0;
    P0= 0x3f;//第一位数码管显示 0
    delay(20);//延时 2ms
    C= 0;//P2.0~P2.2= 001B,第二位数码管位选为低电平,亮,其他位为高电平,不亮
    B= 0;
    A= 1;
    P0= 6;//第二位数码管显示 1
    delay(20);//延时 2ms
    C= 0;//P2.0~P2.2= 010B,第三位数码管位选为低电平,亮,其他位为高电平,不亮
    B= 1;
    A= 0;
    P0= 0x5b;//第三位数码管显示 2
    delay(20);//延时 2ms
    C= 0;//P2.0~P2.2= 011B,第四位数码管位选为低电平,亮,其他位为高电平,不亮
    B= 1;
    A= 1;
    P0= 0x4f;//第四位数码管显示 3
    delay(20);//延时 2ms
    C= 1;//P2.0~P2.2= 100B,第五位数码管位选为低电平,亮,其他位为高电平,不亮
    B= 0;
    A= 0;
    P0= 0x66;//第五位数码管显示 4
    delay(20);//延时 2ms
    C= 1;//P2.0~P2.2= 101B,第六位数码管位选为低电平,亮,其他位为高电平,不亮
    B= 0;
    A= 1;
    P0= 0x6d;//第六位数码管显示 5
    delay(20);//延时 2ms
    C= 1;//P2.0~P2.2= 110B,第七位数码管位选为低电平,亮,其他位为高电平,不亮
    B= 1;
    A= 0;
    P0= 0x7d;//第七位数码管显示 6
```

```
    delay(20);//延时2ms
    C= 1;//P2.0~P2.2= 111B,第八位数码管位选为低电平,亮,其他位为高电平,不亮
    B= 1;
    A= 1;
    P0= 7;//第八位数码管显示7
    delay(20);//延时2ms
    }
}
```

（2）根据上面例程完成8位数码管动态显示，因为原理图同实际版图的位选可能对应不上，调整A、B、C的对应值，使8位数码管按照从左到右的顺序依次显示"01234567"。

（3）根据上面例程完成8位数码管动态显示，使8位数码管按照从左到右的顺序依次显示"34567890"。

2. 根据本任务例程改写 BIN_BCD 函数，使之完成三位十进制数的转换，即 NUM[2] 为百位显示，NUM[1] 为十位显示，NUM[0] 为个位显示。

3. 利用 IAR 开发平台完成多位计数器（2位）的程序编写、调试和下载。

【任务资讯】

一、多位计数器电路原理

多位计数器电路原理如图4-5所示。

（1）电路原理说明　图4-5中将各位数码管的共阴极由单片机的P2.0~P2.2口控制74HC138（3~8译码器）来实现8位数码管的选位输出控制。所有数码管的8个段线相应地并接在一起，由单片机P0口通过驱动芯片74HC573统一控制段码输出。这里需要由两组信号来控制：一组是字段输出口输出的字形代码，用来控制显示的字形，称为段码，由单片机P0口控制；另一组是位输出口输出的控制信号，用来选择第几位数码管工作，称为位码，由单片机的P2.0~P2.2口控制。由于各位数码管的段线并联，段码的输出对各位数码管来说都是相同的。因此，在同一时刻，如果各位数码管的位选线都处于选通状态的话，8位数码管将显示相同的字符。

这样怎么保证8个数码管显示不同数字呢？

（2）集成电路74HC573　74HC573包含八路3态输出的非反转透明锁存器，是一种高性能硅栅CMOS器件。

SL74HC573跟LS/AL573的管脚一样。器件的输入是和标准CMOS输出兼容的，加上拉电阻，它们能和LS/ALSTTL输出兼容。

① 管脚说明。

输入：D1~D7。

输出：Q1~Q7。

OE为使能端：当OE为低电平时（LE=1），输入输出之间透明传递，输出等于输入；当OE为高电平时，禁止输出，输出处于高阻状态，相当于悬空。

LE为锁存控制端：当LE为高电平时（OE=0），输入输出之间透明传递，输出等于输入；当LE为低电平时，输出锁存，保持初始状态，不随输入变化。所以电路调试时应将跳帽JP1插上，使输出有效。

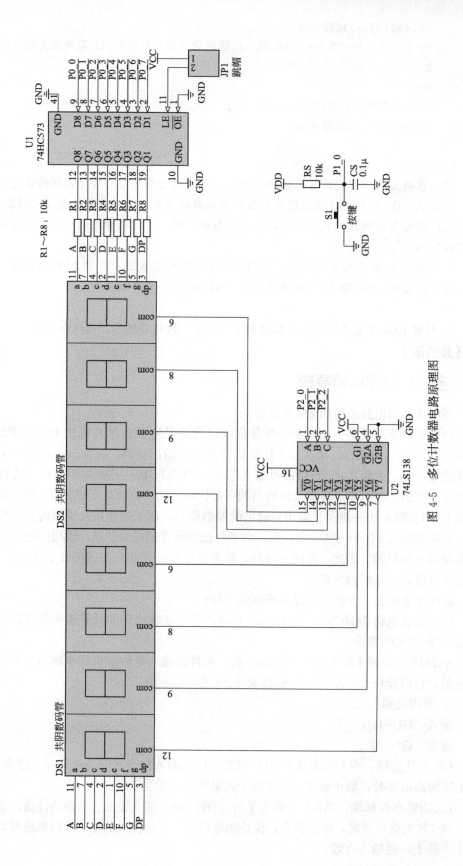

图 4-5 多位计数器电路原理图

② 工作原理说明。

74HC573 的 8 个锁存器都是透明的 D 型锁存器，当使能（OE）为高时，Q 输出将随数据（D）输入而变。当使能为低时，将输出锁存在已建立的数据电平上。输出控制不影响锁存器的内部工作，即老数据可以保持，甚至当输出被关闭时，新的数据也可以置入。这种电路可以驱动大电容或低阻抗负载，可以直接与系统总线接口并驱动总线，而不需要外接口。特别适用于缓冲寄存器，I/O 通道，双向总线驱动器和工作寄存器。

（3）集成电路 74LS138 74LS138 为 3—8 译码器，共有 54LS138 和 74LS138 两种线路结构形式。54LS138 为军用，74LS138 为民用。

① 工作原理。

当一个选通端（E1）为高电平，另两个选通端（E2）和（E3）为低电平时，可将地址端（A0、A1、A2）的二进制编码在 Y0 至 Y7 对应的输出端以低电平译出（即输出为 Y0 至 Y7 的非）。比如：A2A1A0=110 时，则 Y6 输出端输出低电平信号。

② 引脚功能。

A、B、C：地址输入端。

G1：选通端。

/G2A、/G2B：选通端（低电平有效）。

/Y0～/Y7：输出端（低电平有效）。

VCC：电源正。

GND：地。

A、B、C 对应 Y0～Y7；A、B、C 以二进制形式输入，然后转换成十进制，对应 Y 的序号输出低电平，其他均为高电平。

③ 真值表。

表 4-9 所示为 74LS138 真值表。

表 4-9 74LS138 真值表

输入						输出							
G1	G2B	G2A	C	B	A	/Y0	/Y1	/Y2	/Y3	/Y4	/Y5	/Y6	/Y7
×	1	×	×	×	×	1	1	1	1	1	1	1	1
×	×	1	×	×	×	1	1	1	1	1	1	1	1
0	×	×	×	×	×	1	1	1	1	1	1	1	1
1	0	0	0	0	0	0	1	1	1	1	1	1	1
1	0	0	0	0	1	1	0	1	1	1	1	1	1
1	0	0	0	1	0	1	1	0	1	1	1	1	1
1	0	0	0	1	1	1	1	1	0	1	1	1	1
1	0	0	1	0	0	1	1	1	1	0	1	1	1
1	0	0	1	0	1	1	1	1	1	1	0	1	1
1	0	0	1	1	0	1	1	1	1	1	1	0	1
1	0	0	1	1	1	1	1	1	1	1	1	1	0

二、动态显示技术

若要各位数码管能够显示出不同的字符,就必须采用动态扫描显示方式。即在某一时刻,只让某一位的位选线处于导通状态,而其他各位的位选线处于关闭状态。同时,段线上输出相应位要显示字符的字型码。这样在同一时刻,只有选通的那一位显示出字符,而其他各位则是熄灭的,如此循环下去,就可以使各位数码管显示出将要显示的字符。

虽然这些字符是在不同时刻出现的,而且同一时刻,只有一位显示,其他各位熄灭,但由于数码管具有余辉特性和人眼有视觉暂留现象,只要每位数码管显示间隔足够短,给人眼的视觉印象就会是连续稳定地显示。

数码管不同位显示的时间间隔可以通过调整延时程序的延时长短来完成。数码管显示的时间间隔也能够确定数码管显示时的亮度,若显示的时间间隔长,显示时数码管的亮度将亮些;若显示的时间间隔短,显示时数码管的亮度将暗些;若显示的时间间隔过长,数码管显示时将产生闪烁现象。所以,在调整显示的时间间隔时,既要考虑到显示时数码管的亮度,又要数码管显示时不产生闪烁现象。

数码管是由 7 个条形的 LED 和右下方一个圆形的 LED 组成,这样一共有 8 个段线,恰好适用于 8 位的并行系统。

数码管有共阴极和共阳极两种,共阴极数码管的公共阴极接地,当各段阳极上的电平为"1"时,该段点亮;电平为"0"时,该段熄灭。共阳极数码管的公共阳极接+5V,当各段阴极上的电平为"0"时,该段点亮,电平为"1"时,该段熄灭。

三、八位数码管显示不同数字流程图

八位数码管显示流程图如图 4-6 所示。

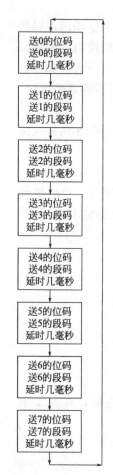

图 4-6 八位数码
管显示流程图

四、多位计数器程序

```
//程序名称:多位计数器.c
//程序功能:通过 2 位数码管显示按键的按动次数
# include "ioCC2530.h" //引用 CC2530 头文件
# define P0    duanma      //端口宏定义
# define SW1   (P1_0)      //S1端口宏定义
# define A     P2_0        //P2.0端口宏定义
# define B     P2_1        //P2.1端口宏定义
# define C     P2_2        //P2.2端口宏定义
unsigned int   jishu= 0;//定义变量,并赋初值 0
unsigned char smg[ ]= {0x3f,6,0x5b,0x4f,0x66,0x6d,0x7d,7,0x7f,0x6f,0};
               //定义数组,为共阴极数码管编码
unsigned char NUM[ ]= {0x0,0x0}; //定义数组,显示数值的个位和十位

/*******************************************************************
函数名称:BIN_BCD。
函数功能:实现二进制至十进制的转换。
```

输入量：unsigned int i。
输出量：数组 NUM，其中 NUM[0]为个位数，NUM[1]为十位数。
***/
```c
void BIN_BCD(unsigned int i)
{
NUM[0]= i% 100% 10;//取个位
NUM[1]= i% 100/10; //取十位
}
/****************************************************************
函数名称:delay。
*****************************************************************/
void delay(unsigned int time)
{
    unsigned int i;
    unsigned char j;
    for(i =  0;i <  time;i+ + )
        for(j =  0;j <  240;j+ + )
        {
            asm("NOP");//asm用来在C代码中嵌入汇编语言操作,汇
            asm("NOP");//编命令 nop 是空操作,消耗 1 个指令周期
            asm("NOP");
            }
}


/****************************************************************
函数名称:main。
*****************************************************************/
void main(void)
{
    unsigned char j;              //定义局部变量
    P0SEL &=  ~0x0ff;            //设置 P0 口为通用 I/O 口
    P1SEL &=  ~0x01;             //设置 P1_0 口为通用 I/O 口
    P0DIR |=  0x0ff;             //设置 P0 口全部为输出口
    P2DIR |=  0x07;              //设置 P2.0、P2.1、P2.2 口为输出口
    P1DIR &=  ~0x01;             //设置 P1_0 口为输入口
    A= 0;
    B= 0;
    C= 0;
        /************外部中断初始化部分 ***************/
    IEN2 |=  0x10;               //使能 P1 口中断
    P1IEN |=  0x01;              //使能 P1_0 口中断
    PICTL |=  0x02;              //P1_3 到 P1_0 口下降沿触发中断
    EA = 1;                      //使能总中断
    while(1)//程序主循环,动态数码管刷屏,这里只显示 2 位
    {
      C= 0;//P2.0~P2.2= 000B,第一位数码管位选为低电平,亮,其他位为高电平,不亮
      B= 0;
```

```
        A= 0;
        j= NUM[0];
        duanma= smg[j];//按键计数个位数显示段码
        delay(20);//延时 2ms
        C= 0;//P2.0~P2.2= 001B,第二位数码管位选为低电平,亮,其他位为高电平,不亮
        B= 0;
        A= 1;
        j= NUM[1];
        duanma = smg[j];// 按键计数十位数显示段码
        delay(20);//延时 2ms
    }
}
/ *************************************************************
中断函数名称:P1_INT。
 *************************************************************/
# pragma  vector = P1INT_VECTOR
__interrupt void P1_INT(void)
{
    if(P1IFG & 0x01)          //如果 P1_0 口中断标志位置位
    {
        jishu+ + ;            //按键计次
        if(jishu> = 100)     //如果按键次数大于等于 100,归 0
            jishu= 0;
        BIN_BCD(jishu);      //十进制转换
        P1IFG &=  ~0x01;     //清除 P1_0 口中断标志位
    }
    P1IF = 0;                //清除 P1 口中断标志位
}
```

五、C 语言知识学习（七）——常用运算符

（1）赋值运算符及其表达式。

= 赋值运算符号

例：char a，b，c，f；

a＝32；

b＝0X87；

c＝a＋b；

f＝c；

P0＝f；

c＝P3；

（2）算术运算符及其表达式：＋、−、＊、/、%。

/（除）求商：两个浮点数相除结果为浮点数，两个整数相除结果为整数。

例：7/2＝3；5.76/7.2＝0.80001。

%（求余数）：求余运算的两个对象必须是整数。

例：235%100＝35。

（3）自增（自减）运算符：＋＋、－－。

① 前增1和前减1：＋＋a；//先使 a＝a＋1，再使用 a

－－a；//先使 a＝a－1，再使用 a

② 后增1和后减1：a＋＋；//先使用 a，再执行 a＝a＋1

a－－；　//先使用 a，再执行 a＝a－1

例：int　a＝4，b，c＝4，e

b＝＋＋a；//运行后：a＝5；b＝5

e＝－－c；//运行后：e＝3；c＝3

int　a＝4，b，c＝4，　e

b ＝a＋＋；//运行后：a＝5；b＝4

e＝c－－；//运行后：c＝3；e＝4

（4）关系运算符：关系运算符的运算结果只有1或0这两种结果，也就是逻辑真（1）或者假（0）。

运算符有：＞、＜、＞＝、＜＝、＝＝、！＝。

例1：int a＝233，b＝54；

a＞b；　//运算结果为真（1）

a＜b；　//运算结果为假（0）

a＞＝b；//运算结果为真（1）

a＜＝b；//运算结果为假（0）

例2：我们要求在 P1 口的状态为 0xff 时将 P0 口的 LED 全部点亮。

```
# include< ioCC2530. h>
void main()
{
    while(P1= = 0xff)   //判断 P1 口是否为 0xff  = = 常用来判断循环条件
    {
    P0= 0X00;//点亮 P0 口的灯
    }
    P0= 0Xff;//熄灭 P0 口的灯
}
```

例3：要求当 P1 口任何一支引脚为低电压（0）时，这时 P0 口的奇数灯点亮，如果 P0 口全是高电压（1）就只让 P0.0 的灯亮，可用下面的程序。

```
# include< ioCC2530. h >
void main()
{
    while(P1! = 0XFF)    //括号中是判断 P1 口是否为 0xfe
    {
    P0= 0XAA;//点亮 P0 口的灯
    }
    P0= 0XFE;//熄灭 P0 口的灯
}
```

（5）逻辑运算符：.&&、||、!。

逻辑运算符的运算结果只有真（1）或假（0）两种。

&&：逻辑与。当参与运算的各个部分都为真时，其结果就是真，只要有一个是假，其结果就是假。

例：int a＝32，b＝56，c＝47，d；

    d＝(a＞b)&&(b＞c)；   // d 的值为 0(假)
    d＝(b＞a)&&(b＞c)；   //d 的值为 1(真)
    d＝(a＜b)&&(b＜60)&&(c＝＝47)；   //(真)
    d＝(a! ＝21)&&(b＜73)；   // 真

||：逻辑或。当参与运算的各个部分中有一个是真（1），其运算结果就是真，当各个部分都是 0（假）时其运算结果就是假。

例：int a＝32，b＝56，c＝47，d；

    d＝(a＞b)||(b＞c)；   //1
    d＝(b＞a)||(b＞c)；   //1
    d＝(a＜b)||(b＜60)||(c＝＝47)；   // 1
    d＝(a! ＝21)||(b＜73)；   // 1

!：逻辑非。把逻辑运算的结果取反。

例：int a＝43，b＝98，c＝56，d；

    d＝! (a＞c)；   //1
    d＝(a＞c)&&(! (b＜c))；   //0
    d＝! ((a＞c)&&(d＜a)&&(a! ＝b))；   //1
    d＝! ((a＞c)||(d＜a)||(a! ＝b))；   //0
    d＝! ((a＞c)&&(d＜a)||(a! ＝b))；   //0

while(! P0.6)   //如果 p0.6 为高电平(1)，就不执行循环体
{
….
}

(6) 位运算符：&、|、^、<<、>>、~。

&：按位与。用来将某个变量的指定位清 0（置 0）。

例：int a＝0x12；//将该变量的偶数位清 0，奇数位不变

        a＝a&0x55；
        char b＝0xfd；
        b＝b&0xfe；//将 b 的最低位清 0

|：按位或。用来将某个变量的指定位置 1。

        int a＝0x12；//将该变量的偶数位置 1，奇数位不变
        a＝a|0x55；
        char b＝0x56；
        b＝b|0xfe；//将 b 的最低位置 1

^：按位异或。（相同出 0，不同出 1）。

~：按位取反：将某个变量的每一位都取反（0 变 1、1 变 0）。

≪左移、≫右移。主要用于对变量进行位操作，一般用来取出变量的最低位或最高位。

例：取 a 的最高位。

        int a＝0x31；//

a＝a＜＜1;　//把 a 左移 1 位后再赋给 a，经过此操作后 a 的值会发生变化

　　　　　　//同时最高位（最左边的一位）被移到了 PSW 的最高位（即 CY）

　　　　　　//中。所以通过 CY 的值就可得知最高位是 0 还是 1

用下面的方法也可以得到 a 的最高位：

a＝a&0x80;

例：取 a 的最低位。

int a＝0x45, b＝0x01, c;

c＝a&b;　　//通过该运算后，就可以对 c 进行判断，如果 c 不等于 0，就说明 a

　　　　　　//的最低位是 1，否则 c 的最低位是 0

【任务拓展】

1. 编写 8 位数码管显示 8421563.6 程序。

2. 编写 4 位计数器程序并下载调试。

【任务评估】

1. 掌握函数定义和调用。

2. 掌握数码管的动态显示技术。

小制作 3　显示功能板

【任务描述】

完成显示功能板的焊接及调试，实物见图 Z3-1。

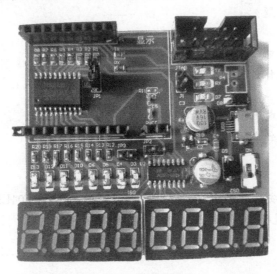

图 Z3-1　显示功能板

【计划与实施】

1. 仪器、工具及辅料（焊锡）准备及查验。

仪器：数字万用表、数字示波器、恒温焊台、直流稳压电源。

工具：斜口钳、尖嘴钳、镊子。

2. 各组根据附录 C 附图 C-3 显示功能板原理图填写材料清单，并依据材料清单领取原材料。

3. 完成显示功能板焊接。

4. 完成显示功能板调试。

(1) 观察。观察电路板有无连焊、虚焊、漏焊和错件，安装方向是否正确？

观察结果：

(2) 不带电测量电源是否短路？

测试方法：将数字万用表旋至通断挡，分别测试 C2、C3 两端的阻值。

测试结果：

如果短路，问题是：

(3) 测量发光二极管方向是否正确，好坏？

测试方法：将数字万用表旋至通断挡，分别测试 LED 两端。用红表笔接至 LED 无白色丝印一端，黑表笔接至另一端，正常 LED 应亮。

测试结果：

如果有不亮的 LED，原因是：

(4) 带电测量电源电压？

测试方法：加 USB 供电电源。

测试结果：

① 电源指示发光二极管 D15 是否亮：

如果不亮是什么问题？

② 测量电源 VDD 电压：   V （正常电压 5V 左右）

如果电压不正常是什么问题？

③ 测量电源 VCC 电压：   V （正常电压 3.3V 左右）

如果电压不正常是什么问题？

(5) 仿真下载测试。

将 CC2531 核心板安装到显示功能板上，然后通过 SmartRF04EB 仿真器与电脑连接，用 IAR 在线仿真系统进行程序下载测试。

测试结果：

如果无法下载，原因是：

项目五　定时器/计数器应用

【项目概述】

本项目学习的主要内容是 CC2530 单片机的定时器/计数器的使用方法，一共包括三个任务，任务一用来理解单片机定时器工作及应用原理，掌握定时器中断函数的和寄存器的配置方法。任务二结合动态数码管显示技术，实现计时及显示，任务三用以掌握 PWM 技术的原理及应用方法。

【项目目标】

知识目标

1. 掌握 CC2530 的定时器工作原理和应用方法。
2. 掌握 CC2530 的定时器的寄存器配置。
3. 掌握 CC2530 的 PWM 的工作原理及应用方法。
4. 掌握利用定时器显示动态数码管的方法。

技能目标

1. 能够根据实际应用配置定时器相关寄存器。
2. 能够用设计秒表应用程序。
3. 能够用定时器设计动态数码管刷屏程序。

素质目标

1. 具备开阔、灵活的思维能力。
2. 具备积极、主动的探索精神。
3. 具备严谨、细致的工作态度。

任务一　定时控制 LED 闪烁

【任务描述】

通过定时器 T1 中断控制 LED 秒闪。

【计划与实施】

1. 单片机 CC2530 的定时器种类？

2. 定时器和计数器的区别？

3. 利用定时器 T1 定时 0.05s，计算 T1CC0，写出计算过程并编写定时器初始化程序。

4. 利用 IAR 在线开发系统完成定时器控制 LED 闪烁程序编写、调试及下载运行。

【任务资讯】

一、定时器/计数器知识介绍

1. 什么是定时/计数器

定时/计数器是一种能够对时钟信号或外部输入信号进行计数，当计数值达到设定要求时便向 CPU 提出处理请求，从而实现定时或计数功能的外设。

计数器：对外部的输入信号进行计数，实际上就是对单片机 I/O 口的脉冲输入信号进行计数，计算脉冲的个数。

定时器：对内部的时钟信号进行计数，时钟信号来自于振荡器。

2. 定时器的作用

定时/计数器的基本功能是实现定时和计数，且在整个工作过程中不需要 CPU 进行过多参与，它的出现将 CPU 从相关任务中解放出来，提高了 CPU 的使用效率，定时器是分线程中处理的，使用定时/计数器才能达到较为精准的时间控制，定时/计数器的工作流程如图 5-1 所示。

3. 定时/计数器基本工作原理

定时/计数器，其最基本的工作原理是进行计数。定时/计数器的核心是一个计数器，可以进行加 1（或减 1）计数，每出现一个计数信号，计数器就自动加 1（或自动减 1），当计数值从最大值变成 0（或从 0 变成最大值）溢出时，定时/计数器便向 CPU 提出中断请求。定时/计数器基本工作原理如图 5-2 所示。

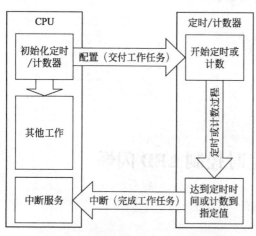

图 5-1 定时/计数器工作流程示意图

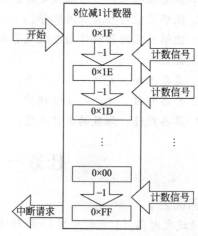

图 5-2 定时/计数器基本工作原理

4. CC2530 定时器的种类

CC2530 中共包含 5 个定时/计数器，分别是定时器 1、定时器 2、定时器 3、定时器 4 和睡眠定时器。

（1）定时器 1　定时器 1 是一个独立的 16 位定时器，支持典型的定时/计数功能，比如输入捕获、输出比较和 PWM 功能。定时器有 5 个独立的捕获/比较通道。每个通道定时器使用一个 I/O 引脚。定时器用于范围广泛的控制和测量应用，可用的 5 个通道的正计数/倒计数模式将允许诸如电机控制应用的实现。

定时器 1 的功能如下。

· 5 个捕获/比较通道。

· 上升沿、下降沿或任何边沿的输入捕获。

· 设置、清除或切换输出比较。

· 自由运行、模或正计数/倒计数操作。

· 可被 1、8、32 或 128 整除的时钟分频器。

· 在每个捕获/比较和最终计数上生成中断请求。

· DMA 触发功能

（2）定时器 2（MAC 定时器）　定时器 2 主要用于为 802.15.4 CSMA-CA 算法提供定时，以及为 802.15.4 MAC 层提供一般的计时功能。当定时器 2 和休眠定时器一起使用时，即使系统进入低功耗模式，也会提供定时功能。定时器运行在 CLKCONSTA. CLKSPD 指明的速度上。如果定时器 2 和睡眠定时器一起使用，时钟速度必须设置为 32MHz，且必须使用一个外部 32kHz XOSC 获得精确结果。

定时器 2 的主要特性如下。

· 16 位定时器正计数提供的符号/帧周期，例如：$16\mu s/320\mu s$。

· 可变周期可精确到 31.25ns。

· 2×16 位定时器比较功能。

· 24 位溢出计数。

· 2×24 位溢出计数比较功能。

· 帧首定界符捕捉功能。

· 定时器启动/停止同步于外部 32kHz 时钟以及由睡眠定时器提供定时。

· 比较和溢出产生中断。

· 具有 DMA 触发功能。

· 通过引入延迟可调整定时器值。

（3）定时器 3、定时器 4　定时器 3 和定时器 4 是两个 8 位的定时器。每个定时器有两个独立的比较通道，每个通道上使用一个 I/O 引脚。

定时器 3/4 的特性如下。

· 两个捕获/比较通道。

· 设置、清除或切换输出比较。

· 时钟分频器，可以被 1、2、4、8、16、32、64、128 整除。

· 在每次捕获/比较和最终计数事件发生时产生中断请求。

· DMA 触发功能。

（4）睡眠定时器　一个 24 位的正计数定时器。睡眠定时器用于设置系统进入和退出低功耗睡眠模式之间的周期。睡眠定时器还用于当进入低功耗睡眠模式时，维持定时器 2 的定时。

睡眠定时器的主要功能如下。

· 24 位的定时器正计数器，运行在 32kHz 的时钟频率。

· 24 位的比较器，具有中断和 DMA 触发功能。

· 24 位捕获。

知识小问答

问：16 位定时器/计数器和 8 位定时器/计数器的区别？

答：因为定时器/计数器的工作原理是对信号计数，二者的区别在于计数长度（大小）不同，16 位和 8 位指的是二进制数的长度。16 位数最大的计数范围是 0～0xffff（0～65535），8 位数最大的计数范围是 0～0xff（0～255）。

16 位定时器/计数器的计数长度大，定时时间长，使用更方便灵活。

5. 定时器工作模式

虽然定时器 1、3、4 使用的技术器计数位数不同，但都具备"自由运行""模""正计数/倒计数"三种不同的工作模式。

（1）自由运行模式　在自由运行操作模式下，计数器从 0x0000 开始，每个活动时钟边沿增加 1。当计数器达到 0xFFFF（溢出），计数器载入 0x0000，继续递增它的值，如图 5-3 所示。当达到最终计数值 0xFFFF，设置标志 IRCON.T1IF 和 T1STAT.OVFIF。如果设置了相应的中断屏蔽位 TIMIF.OVFIM 以及 IEN1.T1EN，将产生一个中断请求。自由运行模式可以用于产生独立的时间间隔，输出信号频率。

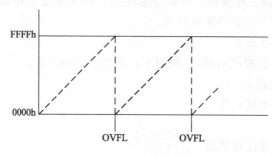

图 5-3　自由运行模式

（2）模模式　当定时器运行在模模式，16 位计数器从 0x0000 开始，每个活动时钟边沿增加 1。当计数器达到 T1CC0（溢出），寄存器 T1CC0H：T1CC0L 保存的最终计数值，计数器将复位到 0x0000，并继续递增。如果定时器开始于 T1CC0 以上的一个值，当达到最终计数值（0xFFFF）时，设置标志 IRCON.T1IF 和 T1CTL.OVFIF。如果设置了相应的中断屏蔽位 TIMIF.OVFIM 以及 IEN1.T1EN，将产生一个中断请求。模模式可以用于周期不是 0xFFFF 的应用程序。计数器的操作展示在图 5-4 中。

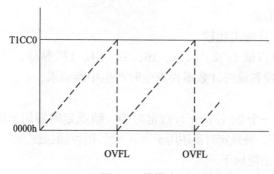

图 5-4　模模式

（3）正计数/倒计数模式　在正计数/倒计数模式，计数器反复从 0x0000 开始，正计数直到达到 T1CC0H：T1CC0L 保存的值。然后计数器将倒计数直到 0x0000，如图 5-5 所示。这个定时器用于周期必须是对称输出脉冲而不是 0xFFFF 的应用程序，因此允许中心对齐的 PWM 输出应用的实现。在正计数/倒计数模式，当达到最终计数值时，设置标志 IRCON.T1IF 和 T1CTL.OVFIF。如果设置了相应的中断屏蔽位 TIMIF.OVFIM 以及 IEN1.T1EN，将产生一个中断请求。

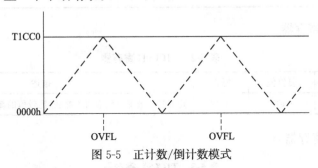

图 5-5 正计数/倒计数模式

6. 定时器 1 中断服务函数

定时器 1 中断服务函数在 IAR 中有特定的书写格式如下。

```
# pragma  vector = <中断向量>
__interrupt  void  <函数名称> (void)
{
    /* 此处编写中断处理程序* /
}
```

说明：定时器 1 中断编写中断服务函数时＜中断向量＞写法（见表 4-1）：

```
# pragma  vector = 0x4B 或  # pragma  vector = T1_VECTOR
```

7. 定时器 1 相关寄存器

定时器 1 相关寄存器说明如下。

T1CTL　　　选择工作模式，设置定时器的分频系数
T1CC0L　　　设置最大计数值的低 8 位
T1CC0H　　　设置最大计数值的高 8 位
T1IE　　　使能定时器 1 相关中断
EA　　　启动系统总中断
T1STAT　　　定时器 1 中断标志位

定时器 1 相关寄存器见表 5-1～表 5-5。

（1）T1CTL 寄存器

表 5-1　T1CTL 寄存器

位	位名称	复位值	操作	描述
7:4	—	0000	R0	未使用
3:2	DIV[1:0]	00	R/W	定时器 1 时钟分频设置。 00:1 分频。 01:8 分频。 10:32 分频。 11:128 分频

位	位名称	复位值	操作	描述
1:0	MODE[1:0]	00	R/W	定时器 1 工作模式设置。 00:暂停运行。 01:自由运行模式。 10:模模式。 11:正计数/倒计数模式

（2）T1CCxH 寄存器

表 5-2　T1CCxH 寄存器

位	位名称	复位值	操作	描述
7:0	T1CCx[15:8]	0x00	R/W	定时器 1 通道 0 到通道 4 捕获/比较值的高位字节

（3）T1CCxL 寄存器

表 5-3　T1CCxL 寄存器

位	位名称	复位值	操作	描述
7:0	T1CCx[7:0]	0x00	R/W	定时器 1 通道 0 到通道 4 捕获/比较值的低位字节

（4）IEN1 - 中断使能 1 寄存器

表 5-4　IEN1 - 中断使能 1 寄存器

位	位名称	复位值	操作	描述
7:6	—	00	R0	不使用,读出来是 0
5	POIE	0	R/W	端口 0 中断使能 0：中断禁止　　　　　　1：中断使能
4	T4IE	0	R/W	定时器 4 中断使能 0：中断禁止　　　　　　1：中断使能
3	T3IE	0	R/W	定时器 3 中断使能 0：中断禁止　　　　　　1：中断使能
2	T2IE	0	R/W	定时器 2 中断使能 0：中断禁止　　　　　　1：中断使能
1	T1IE	0	R/W	定时器 1 中断使能 0：中断禁止　　　　　　1：中断使能
0	DMAIE	0	R/W	DMA 传输中断使能 0：中断禁止　　　　　　1：中断使能

（5）T1STAT 寄存器

表 5-5　T1STAT 寄存器

位	位名称	复位值	操作	描述
7:6	—	00	R0	未使用
5	OVFIF	0	R/W0	定时器 1 计数器溢出中断标志
4:0	CHxIF	0	R/W0	定时器 1 通道 4 到通道 0 的中断标志

8. 定时器 1 参数配置

模模式定时时间的计算公式：

$$t = \frac{N \times T1CC0}{f} \tag{5-1}$$

式中 t——定时器定时时间；

f——单片机时钟频率；

N——分频系数；

T1CC0——最大计数值。

正计数/倒计数模式定时时间的计算公式：

$$t = \frac{2 \times N \times T1CC0}{f} \tag{5-2}$$

说明：同样的 T1CC0，采用正计数/倒计数模式，延时时间乘以 2。

自由计数模式定时时间的计算公式：

$$t = \frac{65535N}{f} \tag{5-3}$$

例：单片机时钟频率 $f = 16MHz$，利用定时器定时 0.5s，求最大计数值 T1CC0，并写出定时器 1 中断初始化程序。

解：设分频系数采用 128，正计数/倒计数模式，则依据式（5-2）可得：

T1CC0 = (0.5×16000000)/(128×2) = 31250 = 0x7a12

所以可得：T1CC0L = 0x12；T1CC0H = 0x7A。

定时器 1 初始化程序如下。

```
T1CTL |= 0x0c;          //定时器1时钟频率128分频
T1CC0L = 0x12;          //设置最大计数值低8位
T1CC0H = 0x7A;          //设置最大计数值高8位
T1IE = 1;               //使能定时器1中断
T1OVFIM = 1;            //使能定时器1溢出中断
EA = 1;                 //使能总中断
T1CTL |= 0x03;          //定时器1采用正计数/倒计数模式
```

二、定时控制 LED 秒闪电路原理

LED 驱动电路在以前的项目中已经介绍过。

LED 控制 I/O 端口：P0.0。

三、定时控制 LED 秒闪程序

```
//程序名称：定时控制.c
//程序功能：实现利用定时 T1 控制 LED 秒闪
# include "ioCC2530.h"      //引用 CC2530 头文件
# define LED1(P0_0)         //LED1 端口宏定义
unsigned char t1_Count= 0; //定时器1溢出次数计数
/*********************************************************
函数名称:main。
*********************************************************/
void main(void)
```

```
{
    /******************LED1初始化部分*****************/
    P0SEL &= ~0x01;          //设置P0_0口为普通I/O口
    P0DIR |= 0x01;           //设置P0_0口为输出口
    LED1 = 0;                //熄灭LED1
    /***************************************************/
    /****************定时器1初始化部分*****************/
    T1CTL |= 0x0c;           //定时器1时钟频率128分频
    T1CC0L = 0x12;           //设置最大计数值低8位
    T1CC0H = 0x7A;           //设置最大计数值高8位
    T1IE = 1;                //使能定时器1中断
    T1OVFIM = 1;             //使能定时器1溢出中断
    EA = 1;                  //使能总中断
    T1CTL |= 0x03;           //定时器1采用正计数/倒计数模式
    /***************************************************/
    while(1);//程序主循环,无操作,LED控制在定时器中断函数内
}
/*****************************************************************
函数名称:T1_INT。
功    能:定时器1中断服务函数。
入口参数:无。
出口参数:无。
返 回 值:无。
*****************************************************************/
# pragma  vector = T1_VECTOR
__interrupt void T1_INT(void)
{
    T1STAT &= ~0x20;         //清除定时器1溢出中断标志位
    t1_Count++;              //定时器1溢出次数加1,溢出周期为0.5s
    if(t1_Count == 2)        //如果溢出次数到达2,说明经过了1s
    {
        LED1 = 1;            //点亮LED1
    }
    if(t1_Count == 4)        //如果溢出次数到达4,说明经过了2s
    {
        LED1 = 0;            //熄灭LED1
        t1_Count = 0;        //清零定时器1溢出次数
    }
}
```

【任务拓展】

定时器T1定时时间0.1s,LED亮1s,灭0.5s。

【任务评估】

1. 掌握CC2530单片机的定时器工作和应用原理。

2. 掌握定时器寄存器配置。

任务二　两位秒表

【任务描述】

电子秒表在生活中具有实际意义。要求通过 2 位数码管显示秒计时，要求秒表的计数范围为 0～99。

【计划与实施】

1. 练习：静态数码管显示。

（1）例程：

```
//程序名称:静态数码管显示.c
//程序功能:静态数码管显示
# include "ioCC2530.h" //引用 CC2530 头文件
void main(void)
{
    P0DIR |= 0x0ff;            //设置 P0 口全部为输出口
    P0= 0X3f;                  //显示 0
    while(1)                   //程序主循环,空循环,无操作
    {  }
}
```

（2）根据任务一例程写出 smg [0] ＝（　　　）；smg [3] ＝（　　　）。

（3）根据任务一例程写出说明：

变量"jishu"的数据类型是（　　　），取值范围是（　　　　　）。

数组"smg"的数据类型是（　　　），取值范围是（　　　　　）。

（4）分别定义一个整型变量和无符号字符型变量，并赋初值 0。

（5）根据上述例程显示自己的组号，电路原理图见图 4-4。

2. 完成 1 位计数器程序编写、编译、下载及功能调试。

【任务资讯】

一、两位秒表电路图

两位秒表的显示电路图如图 4-5 所示。

二、两位秒表程序

```
//程序名称:秒表.c
//程序功能:实现 0～99 秒表计时
    # include "ioCC2530.h" /     //引用 CC2530 头文件
    # define P0   duanma         //端口宏定义
    # define SW1  (P1_0)         //S1 端口宏定义
    # define A    P2_0           //P2.0 端口宏定义
    # define B    P2_1           //P2.1 端口宏定义
    # define C    P2_2           //P2.2 端口宏定义
    unsigned int  miao= 0;       //定义秒计时变量,并赋初值 0
    unsigned int  wei= 0;        //定义动态扫描位变量,并赋初值 0
```

```
unsigned char t1_Count= 0;      //定时器 1 溢出次数计数
unsigned char smg[ ]= {0x3f,6,0x5b,0x4f,0x66,0x6d,0x7d,7,0x7f,0x6f,0};
                                //定义数组,为共阴极数码管编码
unsigned char NUM[ ]= {0x0,0x0}; //定义秒显示数组,显示数值的个位和十位
/ ********************************************************************
二进制—十进制转换函数:BIN_BCD。
 ********************************************************************/
void BIN_BCD(unsigned int i)
{
NUM[0]= i% 100% 10;//取个位
NUM[1]= i% 100/10; //取十位
}
/ *******************************************************************
延时函数:delay。
 *******************************************************************/
void delay(unsigned int time)
{
    unsigned int i;
    unsigned char j;
    for(i =  0;i <  time;i+ + )
       for(j =  0;j <  240;j+ + )
       {
           asm("NOP");//asm用来在 C 代码中嵌入汇编语言操作,汇
           asm("NOP");//编命令 nop 是空操作,消耗 1 个指令周期
           asm("NOP");
           }
}


/ *******************************************************************
主函数:main。
 *******************************************************************/
void main(void)
{
    unsinged char j;        //定义临时变量
/ ******************数码管显示初始化部分 ******************/
P0DIR |=  0xff;        //设置 P0 口全部设为输出口
/ *************************************************/
/ **************定时器 1 初始化部分 **************/
T1CTL |=  0x0c;        //定时器 1 时钟频率 128 分频
T1CC0L =  0x12;        //设置最大计数值低 8 位
T1CC0H =  0x7A;        //设置最大计数值高 8 位
T1IE =  1;             //使能定时器 1 中断
T1OVFIM =  1;          //使能定时器 1 溢出中断
EA =  1;               //使能总中断
T1CTL |=  0x03;        //定时器 1 采用正计数/倒计数模式
```

```
     /******************************************************/
         while(1)
         {
                if(t1_Count+ + )= 2)
                    {
                      t1_Count= 0;//定时时间到 1s
                      miao+ + ;     //秒计时加 1
                      BIN_BCD(miao);
                    }
                if(wei= = 0)
                    {
                    j= NUM[0];     //取个位数
                    P0= smg[j];    //取个位段码,显示个位
                    A= 0;          //P2.2P2.1P2.0= 000B,选中第 1 位数码管
                    B= 0;
                    C= 0;
                    }
                else if(wei= = 1)
                    {
                    j= NUM[1];     //取十位数
                    P0= smg[j];    //取十位段码,显示十位
                    A= 1;          //P2.2P2.1P2.0= 001B,选中第 2 位数码管
                    B= 0;
                    C= 0;

                    }
                delay(20)          //延时,动态显示扫描时间,间隔 2ms
            }
     }
     /*****************************************************************
     函数名称:T1_INT。
     *****************************************************************/
     # pragma  vector = T1_VECTOR
     __interrupt void T1_INT(void)
     {
         T1STAT &=  ~0x20;         //清除定时器 1 溢出中断标志位
         t1_Count+ + ;            //定时器 1 溢出次数加 1,溢出周期为 0.5s
     }
```

【任务拓展】
　　三位秒表。
【任务评估】
　　1. 理解程序结构。
　　2. 掌握秒表的程序设计方法。

任务三　呼吸灯

【任务描述】

使用 CC2530 单片机内部定时/计数器来控制 LED 进行闪烁，实现呼吸灯效果，具体要求如下。

1. 实现 PWM 输出控制驱动 LED1。

2. 逐渐改变 PWM 的占空比来模拟 LED1 的呼吸灯过程。

3.LED1 的亮度从暗到亮。

4. 亮度到达最大时再逐渐变暗，达到最暗时再慢慢变亮。

【计划与实施】

1. 将 LED2 设计为呼吸灯功能，编写初始化程序。

2. 利用 IAR 开发平台完成呼吸灯的程序编写、调试和下载。

【任务资讯】

一、PWM 介绍

1. PWM 是什么

PWM 就是脉冲宽度调制，也就是占空比可调的脉冲波形。

占空比：是指脉冲信号的通电时间与通电周期之比，如图 5-6 所示。

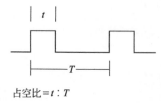

占空比 $=t:T$

图 5-6　占空比示意图

2. PWM 的作用是什么

（1）通过控制开关器件的导通时间，从而间接调节输出电压平均值的大小，实现稳定可控电压的输出。

（2）通过对一系列脉冲的宽度进行调制，来等效的获得所需要的波形（含形状和幅值）。被用在许多需要控制电压大小的地方，如调光灯具、电机调速等。当然也有用在控制频率的地方，如控制声音。

3. 单片机的输出比较模式

在输出比较模式，与通道相关的 I/O 引脚设置为输出。在定时器启动之后，将比较计数器和通道比较寄存器 T1CCnH：T1CCnL 的内容。如果比较寄存器等于计数器的内容，输出引脚根据比较输出模式 T1CCTLn.CMP 的设置进行设置、复位或切换。

与通道相关的 I/O 引脚配置见附录 BCC2530 单片机 I/O 口的外设功能一览表。从附录 B 表中可以看到 T1 定时器比较输出口有两种设置方案。

方案一：P0.2—比较输出 0，P0.3—比较输出 1，P0.4—比较输出 2，

P0.5—比较输出 3，P0.6—比较输出 4。

方案二：P0.2—比较输出 0，P0.1—比较输出 1，P0.0—比较输出 2，

P0.6—比较输出 4，P0.7—比较输出 3。

（1）定时器模模式下的输出比较模式，如图 5-7 所示。

（2）定时器自由运行模式下的输出比较模式，如图 5-8 所示。

（3）定时器正计数/倒计数运行模式下的输出比较模式，如图 5-9 所示。

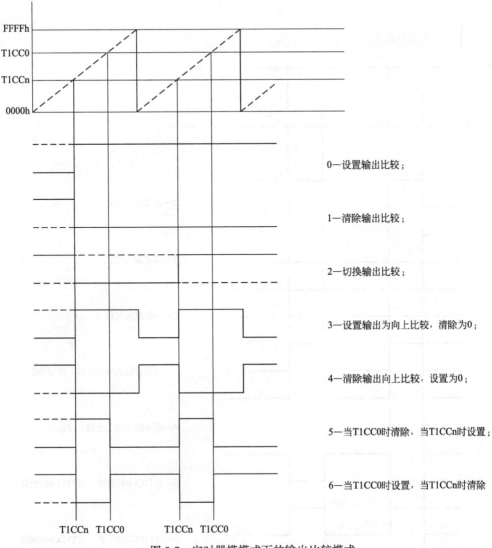

图 5-7 定时器模模式下的输出比较模式

4. PWM 的工作流程

CC2530 中 PWM 是通过定时器 1 产生的。

（1）选择定时器 1 的分频系数。T1CTL |＝0x00　　　//这里选择 1 分频

（2）选择定时器 1 的运行模式。T1CTL |＝0x01　　　// 这里选择自由运行模式

（3）选择定时器 1 口的外设位置。（因为我们要选择 PWM 功能所以需要选择信号输出口）

PERCFG＝0x40　　　// 这里选择定时 1 外设位置 2

（4）设置对应 PWM 输出管脚为外设 IO。P1SEL |＝0x01//这里我们选择通道 2 口为 PWM

（5）设置对应通道口为比较模式。T1CCTL2 |＝0x04

（6）设置对应通道口的比较模式。T1CCTL2 |＝0x60　//这里设置为向上比较清除输出

（7）设置对应通道口的捕获/比较值。T1CC2L＝0xFF T1CC2H＝0xFF

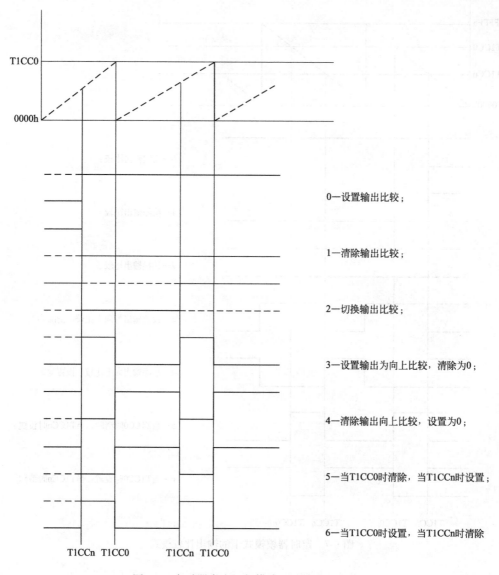

图 5-8　定时器自由运行模式下的输出比较模式

（8）判断对应通道口的中断标志。（T1STAT&0x04）＝＝1

（9）清除对应通道口的中断标志。T1STAT&（～0x04）

（10）执行代码。

（11）重装比较值。　　　　　　　　T1CC2L＝0xFF；T1CC2H＝0xFF；

二、相关寄存器

1. T1CTL 寄存器

T1CTL 寄存器见表 5-6。

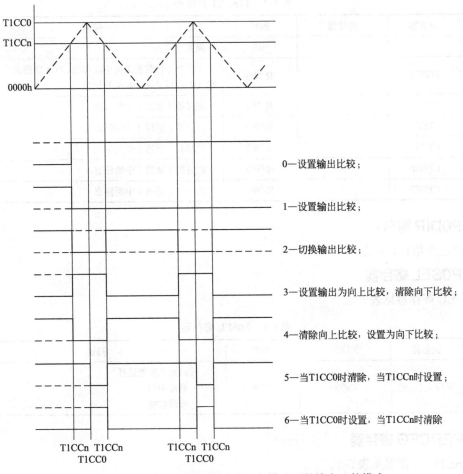

图 5-9　定时器正计数/倒计数运行模式下的输出比较模式

表 5-6　T1CTL 寄存器

位	位名称	复位值	操作	描述
7:4	—	0000	R0	保留
3:2	DIV[1:0]	00	R/W	定时器 1 时钟分频设置。 00:1 分频。 01:8 分频。 10:32 分频。 11:128 分频
1:0	MODE[1:0]	00	R/W	定时器 1 工作模式设置。 00:暂停运行。 01:自由运行模式,从 0x0000 到 0xFFFF 反复计数。 10:模模式。 11:正计数/倒计数模式

注意:如果是非 00 值写入 T1CTL. MODE 时,计数器开始运行;如果是 00 写入 T1CTL. MODE,计数器停止在它现在的值上。

2. T1STAT 寄存器

T1STAT 寄存器见表 5-7。

表 5-7　T1STAT 寄存器

位	位名称	复位值	操作	描述
7:6		0	R0	保留
5	OVFIF	0	R/W0	定时器 1 计数器溢出中断标志,当计数器在自由运行模式下达到最终计数值时设置
4	CH4IF	0	R/W0	定时器 1 通道 4 中断标志
3	CH3IF	0	R/W0	定时器 1 通道 3 中断标志
2	CH2IF	0	R/W0	定时器 1 通道 2 中断标志
1	CH1IF	0	R/W0	定时器 1 通道 1 中断标志
0	CH0IF	0	R/W0	定时器 1 通道 0 中断标志

3. P0DIR 寄存器

前面已介绍过,此处略。

4. P0SEL 寄存器

P0SEL 寄存器见表 5-8。

表 5-8　P0SEL 寄存器

位	位名称	复位值	操作	描述
7:0	SELP1_[7:0]	0x00	R/W	P0.7 到 P0.0 功能选择 0: 通用 I/O 1: 外设功能

5. PERCFG 寄存器

PERCFG 寄存器见表 5-9。

表 5-9　PERCFG 寄存器

位	位名称	复位值	操作	描述	
7		0	R/W	没有使用	
6	T1CFG	0	R/W	定时器 1 的 I/O 位置 0:备用位置 1	1:备用位置 2
5	T3FG	0	R/W	定时器 3 的 I/O 位置 0:备用位置 1	1:备用位置 2
4	T4FG	0	R/W	定时器 4 的 I/O 位置 0:备用位置 1	1:备用位置 2
3:2		00	R0	没有使用	
1	U1CFG	0	R/W	USART 1 的 I/O 位置 0:备用位置 1	1:备用位置 2
0	U0FG	0	R/W	USART 0 的 I/O 位置 0:备用位置 1	1:备用位置 2

6. T1CCTL2 寄存器

T1CCTL2 寄存器见表 5-10。

表 5-10 T1CCTL2 寄存器

位	位名称	复位值	操作	描述
7	RFIRQ	0	R/W	设置时使用 RF 捕获而不是常规捕获输入
6	IM	1	R/W	通道 2 中断屏蔽,设置时使能中断请求
5:3	CMP[2:0]	000	R/W	通道 2 比较模式选择。当定时器的值等于在 T1CC2 中的比较值时选择操作输出。 000: 比较设置输出。 001: 比较清除输出。 010: 比较切换输出。 011: 向上比较设置输出,在 0 清除。 100: 向上比较清除输出,在 0 设置
2	MODE	0	R/W	模式,选择定时器 1 通道 2 比较或者捕获模式 0: 捕获模式。 1: 比较模式
1:0	CAP[1:0]	00	R/W	

7. T1CC2H 寄存器

T1CC2H 寄存器见表 5-11。

表 5-11 T1CC2H 寄存器

位	位名称	复位值	操作	描述
7:0	T1CC2[15:8]	0x00	R/W	定时器 1 通道 2 捕获/比较值,高位字节

8. T1CC2L 寄存器

T1CC2L 寄存器见表 5-12。

表 5-12 T1CC2L 寄存器

位	位名称	复位值	操作	描述
7:0	T1CC2[7:0]	0x00	R/W	定时器 1 通道 2 捕获/比较值,低位字节,写入该寄存器的数据存储到一个缓存中,但是不写入 T1CC2[7:0]中,直到并同时后一次写入 T1CC2H 生效

注:先写低位,再写高位,否则低位数据无法生效。

三、任务分析

呼吸灯的程序流程图如图 5-10 所示。

(1) 选用定时器 1,设置定时器 1 的工作方式。

(2) 判断通道 2 有没有中断,清除中断标志。

(3) 判断改变亮度的时间到没到,根据此时 LED 灯的状态决定灯的亮暗时间变化趋势。

四、呼吸灯电路原理图

LED 指示灯的原理图在前面的项目中已介绍过,这里不再叙述。

五、呼吸灯程序

//程序名称:呼吸灯.c

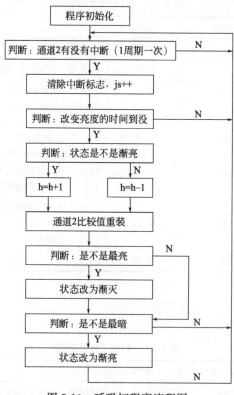

图 5-10 呼吸灯程序流程图

```
//程序名称：利用定时器比较输出模式输出 PWM 信号，控制 LED 信号
# include "ioCC2530.h"
# define LED1 P1_0      // P1_0 定义为 P1_0
# define LED2 P1_1      // P1_0 定义为 P1_1
# define LED3 P1_3      // P1_0 定义为 P1_3
# define LED4 P1_4      // P1_0 定义为 P1_4
# define SW1  P1_2      // SW1 端口宏定义

unsigned char h;

/ *****************LED1 初始化部分 *****************/
void InitLed()
{
    P1SEL &= ～0x01;   //设置 P1_0 口为普通 I/O 口
    P1DIR |= 0x01;     //设置 P1_0 口为输出口
    LED1 = 0;          //熄灭 LED1
}
/ *****************************************************/

/ *****************定时器 1 初始化部分 *****************/
void InitT1()
{
    T1CTL |= 0x01;     //定时器 1 时钟频率 1 分频，自动重装 0x0000～0xFFFF
```

```
    PERCFG= 0x40;        //定时器1选择外设位置2
    P1SEL|= 0x01;        //P1_0选择外设功能
    T1CCTL2= 0x64;       //定时器1通道2向上比较,比较模式
    T1CC2L= 0xFF;        //
    T1CC2H= h;
}
/*******************************************************/
void main(void)
{
unsigned char js= 0;
unsigned char a= 1;              //a= 1为渐亮,a= 2为渐灭
InitLed();            //调用初始化函数
InitT1();
while(1)
{
  if((T1STAT&0x04)> 0)
    {
    T1STAT= T1STAT&0xfb;     //清除中断标志
    js+ +;
    if(js> = 1)               //改变亮度的时间
    {
      js= 0;                  //清零
      if(a= = 1)              //渐亮
        h= h+ 1;
      else                    //渐灭
        h= h- 1;
      T1CC2L= 0xff;           //重装比较值
      T1CC2H= h;
      if(h> = 254)            //最大亮度
        a= 2;                 //设为渐灭
      if(h= = 0)              //最小亮度
        a= 1;                 //设为渐亮
}}}}
```

【任务拓展】
    1. 将LED2设计成呼吸灯功能。
    2. 将LED1~LED4全部设计成呼吸灯功能。

【任务评估】
    1. 掌握PWM的工作及应用原理。
    2. 掌握单片机PWM外设配置。

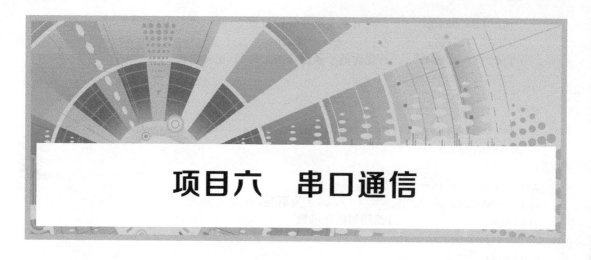

项目六　串口通信

【项目概述】

本项目学习的主要内容是掌握 CC2530 单片机串口通信的方法，一共包括两个任务，任务一通过同单片机与计算机进行异步通信，收发数据，用来理解单片机异步串口通信模块的工作原理，掌握相关寄存器的配置方法和通信格式的设置方法。任务二为模拟 SPI 通信相关知识的学习，了解同步串口通信的格式和特点，了解 OLED 显示屏的使用方法。

【项目目标】

知识目标

1. 掌握串口通信的相关知识。

2. 掌握异步串口通信的格式和应用方法。

3. 掌握同步串口通信的格式和应用方法。

4. 掌握 CC2530 的异步串口通信模块的工作原理。

5. 掌握 CC2530 的异步串口通信模块的寄存器配置。

6. 掌握 OLED 的工作原理及应用方法。

技能目标

1. 能够根据实际应用配置异步串口通信模块相关寄存器。

2. 能够用 OLED 显示屏显示字符、汉字、数字和图形。

3. 能够用取模软件对字符取模。

4. 能够用取模软件对特定图形取模。

素质目标

1. 具备开阔、灵活的思维能力。

2. 具备积极、主动的探索精神。

3. 具备严谨、细致的工作态度。

🔰 任务一　异步串行通信（UART）

【任务描述】

完成单片机功能板和计算机的 USB 串口连接（通过 TTL/USB 转接模块）。能够配置异步通信的数据格式和通信速率，并通过计算机上的串口测试软件完成单片机与计算机之间的异步串口通信，能互相收发数据。

【计划与实施】

1. 安装 TTL/USB 转接模块的驱动程序，设备连接到电脑上，在设备管理上能看到转接模块工作正常。

2. 按照例程完成任务软件开发系统，利用 IAR 在线开发系统完成程序编写、调试及下载运行。

3. 如图 6-1 所示，选择 TTL/USB 转接模块的接入串口，按照单片机软件串口数据格式配置计算机上的串口调试助手参数。

配置参数如下：波特率：　　　　　　校验位：

数据位：　　　　　　停止位：

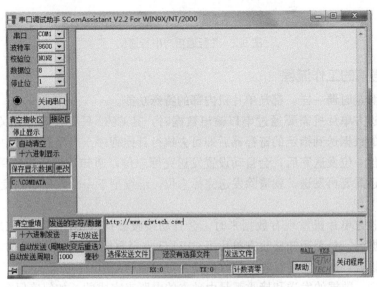

图 6-1　串口调试助手参数配置

4. 完成数据的收发实验，观察串口调试助手的接收数据和单片机板上的发送和接收指示灯。

【任务资讯】

一、串口通信介绍

计算机与外界进行信息交换称为通信。21 世纪是信息的社会，在网上获取信息已经很普遍。当你在上网的时候，就是在使用计算机的串行接口通信。

单片机的通信方式有两种：并行通信和串行通信，如图 6-2 所示。

并行通信：多位字节同时发送或接收，如图 6-2（a）所示，传送 1 个字节的数据，需要 8 根数据线，数据瞬间同时到达外部设备。并行通信的传输速度快，但硬件结构复杂，成本高，抗干扰弱，不能远距离传输。一般应用于设备内部模块之间通信。例如计算机内 CPU 与内存都是通过并行通信的模式传输数据，因为对速度要求高。

串行通信：数据一位一位顺序发送或接收，如图 6-2（b）所示。串行通信接口发送 8 位数据，至少要发送 8 次，比较费时，但是长距离输送数据时一般只需 3 根导线（一根传递信号、一根是地线、一根同步脉冲），比较经济，还节省引脚，通信速度也基本能满足大多设备的要求。我们日常生产生活中，串行通信应用广泛，例如网络通信、手机通信、工业现场总线等。

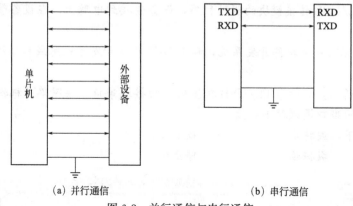

（a）并行通信　　　　　　　　（b）串行通信

图 6-2　并行通信与串行通信

1. 串行通信的工作流程

串行通信和定时器一样，都是单片机内部的特殊功能。

当数据发送方单片机需要通过串口输出数据时，其 CPU 只要设定好相关功能寄存器，并把准备发送的数据送到指定的寄存器后即可去执行其他程序。当发送缓存中数据按照一定的时间间隔一位一位发送完后，会自动设置发送完标志位，通知数据发送方单片机 CPU 任务完成。如果还需要再发送，就清除发送完标志位，继续把下一个数据送到发送缓存，就可以了。

当数据接收方单片机发现有数据来时，会自动接收数据（不用经过 CPU 允许）。接收完 8～10 位数据后，是否通知接收方单片机 CPU 已收到数据，取决于接收方单片机的相关功能寄存器的设置，比如允许接收、接收后是否可以申请 CPU 中断等。

在单片机中，数据的发送和接收都是由独立的电路来完成的，如何确保在高速远传的情况下，不把数据传丢呢？这就像两个陌生人传递东西的时候一样，需要事先约定好传递时间和传递的方式，要喊口号"1—2—3—传送"，这就是波特率的作用。在串行通信中，这个波特率，也必须事先约定好，它是串行设备间传递数据的时钟同步信号，而且两台单片机必须设置成一样的才行。

2. 串行通信的分类

按照串行数据的时钟控制方式，串行通信可分为同步通信和异步通信两类。

（1）异步串行通信　在异步数据传送中，CPU 之间事先必须约好两项事宜：字符格式（传递的方式）和波特率（传递的速率）。

① 字符格式。在异步数据传送中，单片机用一帧来表示一个字符，在每一帧中使用双方约好字符的编码形式、奇偶校验形式以及起始位和停止位的规定等。每个字符帧的组成格式如图 6-3（a）所示。

首先是一位用逻辑"0"低电平表示的起始位；后面紧跟着的是字符的数据字，数据字可以是 8 或 9 位数据，在数据字中可根据需要加入奇偶校验位；最后是用逻辑"1"高电平表示的停止位，其长度可以是一位、一位半或两位。所以，串行传送的数据字加上成帧信号起始位和停止位就形成一个字符串行传送的帧。图 6-3（a）所示为数据字为 7 位，第 8 位（或第 9 位）是奇偶校验位。

知识小问答

问：什么是奇偶校验位？

答：通信的过程中可能因为干扰产生数据错误，所以在接收数据时，往往需要先判断接收来的数据是否正确。一般情况下，通信数据发送以字节为单位，共 8 位二进制数，我们可以额外加发一位，即发 9 位，这第 9 位是做校验用的，称为校验位。

奇偶校验位有两种类型：偶校验位与奇校验位。如果一组给定数据位中 1 的个数是奇数，那么偶校验位就置为 1，从而使得总的 1 的个数是偶数。如果给定一组数据位中 1 的个数是偶数，那么奇校验位就置为 1，使得总的 1 的个数是奇数。偶校验实际上是循环冗余校验的一个特例，通过多项式 $x+1$ 得到 1 位 CRC。

奇偶校验位是最简单的错误检测码。

在异步传送中，字符间隔不固定，在停止位后可以加空闲，空闲位用高电平表示，这样，接收和发送可以随时或间断进行。图 6-3（b）为有空闲位的情况。

② 波特率。波特率好比是"船工号子"，是保证送出的每一个信号的时候，接收方正好也在接收，是不传丢数据的保证，它要求发送方和接收方都要以相同的数据传送速率工作。当波特率快时，数据传递得也快，当波特率慢时，数据传递得也慢，因此，波特率是衡量数据传送速率的指标。

波特率的定义是每秒传送的二进制数的位数，单位是位/s。例如，数据传送的速率是 120 字符/s，即每秒传送 120 个字符，而每个字符如上述规定包含 10 个数位（不包含奇偶校验位），则传送波特率为 $10 \times 120 = 1200$ 波特。工控仪表的传送速率一般是 9600 波特。

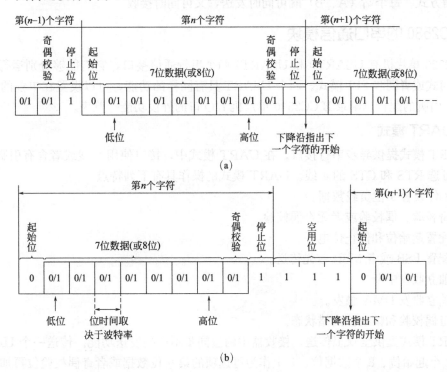

图 6-3 异步串行通信的帧格式

（2）同步串行通信 所谓同步传送，就是去掉异步传送时每个字符的起始位和停止位的成帧标志信号，仅在数据块开始处用同步字符来指示，如图 6-4 所示。很显然，同步传送的有效数据位传送速率高于异步传送，可达 50 千波特，甚至更高。其缺点是硬件设备较为复杂，常用于计算机之间的通信。

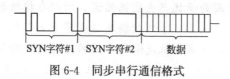

SYN字符#1　SYN字符#2　　数据

图 6-4　同步串行通信格式

3. 串行通信中数据的传送方向

一般情况下，串行数据传送是在两个通信端之间进行的。其数据传送的方向有如图 6-5 所示的几种情况。

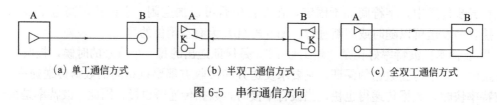

(a) 单工通信方式　　　　　(b) 半双工通信方式　　　　　(c) 全双工通信方式

图 6-5　串行通信方向

图 6-5 (a) 为单工通信方式。A 端为发送站，B 端为接收站，数据仅能从 A 站发至 B 站。图 6-5 (b) 为半双工通信方式。数据可以从 A 发送到 B，也可以由 B 发送到 A。不过同一时间只能作一个方向的传送，其传送方式由收发控制开关 K 来控制。图 6-5 (c) 为全双工通信方式。每个站 (A、B) 既可同时发送，又可同时接收。

二、CC2530 的串口通信模块

CC2530 单片机有 USART0 和 USART1 两个串行通信接口，它们能够分别运行于异步 UART 模式或者同步 SPI 模式。两个 USART 具有同样的功能，可以设置在单独的 I/O 引脚。I/O 引脚的配置见附录 B CC2530 单片机 I/O 口的外设功能一览表。

1. UART 模式

UART 模式提供异步串行接口。在 UART 模式中，接口使用 2 线或者含有引脚 RXD、TXD、可选 RTS 和 CTS 的 4 线。UART 模式的操作具有下列特点。

① 8 位或者 9 位负载数据。

② 奇校验、偶校验或者无奇偶校验。

③ 配置起始位和停止位电平。

④ 配置 LSB 或者 MSB 首先传送。

⑤ 独立收发中断。

⑥ 独立收发 DMA 触发。

⑦ 奇偶校验和帧校验出错状态。

UART 模式提供全双工传送，接收器中的位同步不影响发送功能。传送一个 UART 字节包含 1 个起始位、8 个数据位、1 个作为可选项的第 9 位数据或者奇偶校验位再加上 1 个或 2 个停止位。注意：虽然真实的数据包含 8 位或者 9 位，但是，数据传送只涉及一个字节。

（1）UART 发送　当 USART 收/发数据缓冲器、寄存器 UxBUF 写入数据时，该字节发送到输出引脚 TXDx。UxBUF 寄存器是双缓冲的。

注意：这里的 x 指 0 或 1，代表单片机的两个串口。

当字节传送开始时，UxCSR. ACTIVE 位变为高电平，而当字节传送结束时为低。当传送结束时，UxCSR. TX_BYTE 位设置为 1。当 USART 收/发数据缓冲寄存器就绪，准备接收新的发送数据时，就产生了一个中断请求。该中断在传送开始之后立刻发生，因此，当字节正在发送时，新的字节能够装入数据缓冲器。

（2）UART 接收　当 1 写入 UxCSR. RE 位时，在 UART 上数据接收就开始了。然后 UART 会在输入引脚 RXDx 中寻找有效起始位，并且设置 UxCSR. ACTIVE 位为 1。当检测出有效起始位时，收到的字节就传入到接收寄存器，UxCSR. RX_BYTE 位设置置为 1。该操作完成时，产生接收中断。同时 UxCSR. ACTIVE 变为低电平。

通过寄存器 UxBUF 提供收到的数据字节。当 UxBUF 读出时，UxCSR. RX_BYTE 位由硬件清 0。

注意：当应用程序读 UxDBUF，很重要的一点是不清除 UxCSR. RX_BYTE。清除 UxCSR. RX_BYTE 暗示 UART，使得它以为 UART RX 移位寄存器为空，即使它可能保存有未决数据（一般是由于背对背传输）。所以 UART 声明（TTL 为低电平）RT/RTS 线，这会允许数据流进入 UART，导致潜在的溢出。因此 UxCSR. RX_BYTE 标志紧密结合了自动 RT/RTS 功能，因此只能被 SoC UART 本身控制。否则应用程序一般可以经历以下事件：RT/RTS 线保持声明（TTL 为低电平）的状态，即使一个背对背传输清楚地表明应该间歇性地停止数据流。

（3）UART 硬件流控制　当 UxUCR. FLOW 位设置为 1，硬件流控制使能。然后，当接收寄存器为空而且接收使能时，RTS 输出变低。在 CTS 输入变低之前，不会发生字节传送。

（4）UART 特征格式　如果寄存器 UxUCR 中的 BIT9 和奇偶校验位设置为 1，那么奇偶校验产生而且检测使能。奇偶校验计算出来，作为第 9 位来传送。在接收期间，奇偶校验位计算出来而且与收到的第 9 位进行比较。如果奇偶校验出错，则 UxCSR. ERR 位设置为高电平。当读取 UxCSR 时，UxC-SR. ERR 位清除。

要传送的停止位的数量设置为 1 或者 2，这取决于寄存器位 UxUCR. SPB。接收器总是要核对一个停止位。如果在接收期间收到的第一个停止位不是期望的停止位电平，就通过设置寄存器位 UxCSR. FE 为高电平，发出帧出错信号。当读取 UxCSR 时，UxCSR. FE 位清除，当 UxCSR. SPB 设置为 1 时，接收器将核对两个停止位。

2. SPI 模式

本节描述了同步通信的 SPI 模式。在 SPI 模式中，USART 通过 3 线接口或者 4 线接口与外部系统通信。接口包含引脚 MOSI、MISO、SCK 和 SS_N。参见附录 B 查看 I/O 引脚的模块功能配置。

SPI 模式包含下列特征：

- 3 线（主要）或者 4 线 SPI 接口。
- 主和从模式。
- 可配置的 SCK 极性和相位。
- 可配置的 LSB 或 MSB 传送。

当 UxCSR. MODE 设置为 0 时，选中 SPI 模式。

在 SPI 模式中，USART 可以通过写 UxCSR. SLAVE 位来配置 SPI 为主模式或者从模式。

（1）SPI主模式操作 当寄存器UxBUF写入字节后，SPI主模式字节传送就开始了。USART使用波特率发生器生成SCK串行时钟，而且传送发送寄存器提供的字节到输出引脚MOSI。与此同时，接收寄存器从输入引脚MISO获取收到的字节。当传送开始UxCSR.ACTIVE位变高，而当传送结束后，UxCSR.ACTIVE位变低。当传送结束时，UxCSR.TX_BYTE位设置为1。串行时钟SCK的极性由UxGCR.CPOL位选择，其相位由UxCSR.CPHA位选择。字节传送的顺序由UxCSR.ORDER位选择。

传送结束时，收到的数据字节由UxBUF提供读取。当这个新的数据在UxDBUF USART接收/发送数据寄存器中准备好，就产生一个接收中断。当单元就绪接收另一个字节用来发送时，发送中断产生。由于UxBUF是双缓冲，这个操作刚好在发送开始时就发生了。注意数据不应写入UxDBUF，直到UxCSR.TX_BYTE是1。对于DMA传输这是自动处理的。

如上所述的SPI主模式操作是一个3线接口。不选择输入用于使能主模式。如果外部从模式需要一个从模式选择信号，这可以使用一个通用I/O引脚通过软件实现。

（2）SPI从模式操作 SPI从模式字节传送由外部系统控制。输入引脚MISO上的数据传送到接收寄存器，该寄存器由串行时钟SCK控制。SCK为从模式输入。与此同时，发送寄存器中的字节传送到输出引脚MOSI。当传送开始时UxCSR.ACTIVE位变高，而当传送结束后，UxCSR.ACTIVE位变低。当传送结束时，UxCSR.RX_BYTE位设置为1，接收中断产生。

传送结束时，收到的数据字节由UxBUF提供读取。

3. 波特率的产生

当运行在UART模式时，内部的波特率发生器设置UART波特率。当运行在SPI模式时，内部的波特率发生器设置SPI主时钟频率。

由寄存器UxBAUD.BAUD_M[7：0]和UxGCR.BAUD_E[4：0]定义波特率，该波特率用于UART传送，也用于SPI传送的串行时钟速率。波特率由下式给出：

$$\text{波特率} = \frac{(256 + \text{BAUD\_M}) \times 2^{\text{BAUD\_E}}}{2^{28}} \times F \tag{6-1}$$

式中 F——系统时钟频率，等于16MHz RCOSC或者32MHz XOSC。

标准波特率所需的寄存器值如表6-1所示。该表适用于典型的32MHz系统时钟。真实波特率与标准波特率之间的误差，用百分数表示。

当BAUD_E等于16且BAUD_M等于0时，UART模式的最大波特率是$f/16$且f是系统时钟频率。

注意：波特率必须通过UxBAUD和寄存器UxGCR在任何其他UART和SPI操作发生之前设置。这意味着使用这个信息的定时器不会更新，直到它完成它的起始条件，因此改变波特率是需要时间的。

表6-1 32MHz系统时钟常用的波特率设置

波特率/bps	UxBAUD.BAUD_M	UxGCR.BAUD_E	误差/%
2400	59	6	0.14
4800	59	7	0.14

续表

波特率/bps	UxBAUD.BAUD_M	UxGCR.BAUD_E	误差/%
9600	59	8	0.14
14400	216	8	0.03
19200	59	9	0.14
28800	216	9	0.03
38400	59	10	0.14
57600	216	10	0.03
76800	59	11	0.14
115200	216	11	0.03
230400	216	12	0.03

4. USART 中断

每个 USART 都有两个中断：RX 完成中断（URXx）和 TX 完成中断（UTXx）。当传输开始触发 TX 中断，且数据缓冲区被卸载。

USART 的中断使能位在寄存器 IEN0 和寄存器 IEN2 中，中断标志位在寄存器 TCON 和寄存器 IRCON2 中。

中断使能：
- USART0 RX：IEN0. URX0IE
- USART1 RX：IEN0. URX1IE
- USART0 TX：IEN2. UTX0IE
- USART1 TX：IEN2. UTX1IE

中断标志：
- USART0 RX：TCON. URX0IF
- USART1 RX：TCON. URX1IF
- USART0 TX：IRCON2. UTX0IF
- USART1 TX：IRCON2. UTX1IF

5. 串口工作流程

（1）选择 USART 通信为 UART 模式　U0CSR＝0x80。

（2）选择 UART 模式外设引脚位置 PERCFG＝0x00。

（3）设置引脚的功能为外设 IO 口 P0SEL＝0x3C。

（4）设置 UART 通信的波特率，这里设置成 57600。

U0BAUD＝216；

U0GCR＝10。

（5）设置 UART 通信相关参数，如停止位、校验位等。

U0UCR＝0x80

（6）清除 USART 写中断标示 UTX0IF＝0。

（7）打开总中断使能 EA＝1。

（8）打开 USART0 读中断使能 URX0IE＝1。

（9）打开 UART0 读中断使能 U0CSR｜＝0X40。

三、CC2530 的串口通信相关寄存器

对于 CC2530 的每个 USART 串口通信，有如下相关的寄存器（x 是 USART 的编号，为 0 或者 1）。

1. PERCFG 外设控制寄存器

表 6-2 所示为 PERCFG 外设控制寄存器。

表 6-2　PERCFG 外设控制寄存器

D7	D6	D5	D4	D3	D2	D1	D0
未用	定时器 1	定时器 3	定时器 4	未用	未用	USART1	USART0

注：PERCFG 寄存器用以设置部分外设的 I/O 位置，0 为默认位置 1，1 为默认位置 2。CC2530 共有 2 组 USART 通信端口，每组 USART 有 2 组 UART 口，具体位置见表 6-3。

例：PERCFG＝0，USART0 选的是默认位置 1，USART0 为 RX—P0.2，TX—P0.3。

如果 PERCFG＝1，USART0 选的是 2 位置，USART0 为 RX—P1.5，TX—P1.4。

表 6-3　I/O 口外设 UART 引脚

外设/功能	P0								P1							
	7	6	5	4	3	2	1	0	7	6	5	4	3	2	1	0
USART 0 UART Alt. 2			RT	CT	TX	RX					RX	TX	RT	CT		
USART1 UART Alt. 2			RX	TX	RT	CT					RX	TX	RT	CT		

2. 波特率相关寄存器

与波特率相关的寄存器共有三个。

CLKCONCMD：设置芯片工作频率 32MHz 还是 16MHz，见表 6-4。

UxGCR：USARTx 通用控制寄存器（设置波特率用），见表 6-5。

UxBAUD：USARTx 波特率控制寄存器（设置波特率用），见表 6-6。

表 6-4　CLKCONCMD-时钟控制命令寄存器

位	名称	复位	R/W	描述
7	OSC32K	1	R/W	32kHz 时钟振荡器选择。设置该位只能发起一个时钟源改变。CLKCONSTA.OSC32K 反映当前的设置。当要改变该位必须选择 16MHz RCOSC 作为系统时钟。 0：32kHz XOSC 1：32kHz RCOSC
6	OSC	1	R/W	系统时钟源选择。设置该位只能发起一个时钟源改变。CLKCONSTA.OSC 反映当前的设置。 0：32MHz XOSC 1：16MHz RCOSC

续表

位	名称	复位	R/W	描述
5:3	TICKSPD[2:0]	001	R/W	定时器标记输出设置。不能高于通过 OSC 位设置的系统时钟设置。 000:32MHz 001:16MHz 010:8MHz 011:4MHz 100:2MHz 101:1MHz 110:500kHz 111:250kHz 注意:CLKCONCMD. TICKSPD 可以设置为任意值,但是结果受 CLKCONCMD. OSC 设置的限制,即如果 CLKCONCMD. OSC=1,且 CLKCONCMD. TICKSPD=000,CLKCONCMD. TICKSPD 读出 001 且实际 TICKSPD 是 16MHz
2:0	CLKSPD	001	R/W	时钟速度。不能高于通过 OSC 位设置的系统时钟设置。表示当前系统时钟频率。 000:32MHz 001:16MHz 010:8MHz 011:4MHz 100:2MHz 101:1MHz 110:500kHz 111:250kHz 注意:CLKCONCMD. CLKSPD 可以设置为任意值,但是结果受 CLKCONCMD. OSC 设置的限制,即如果 CLKCONCMD. OSC=1 且 CLKCONCMD. CLKSPD=000,CLKCONCMD. CLKSPD 读出 001 且实际 CLKSPD 是 16MHz。还要注意调试器不能和一个划分过的系统时钟一起工作。当运行调试器,当 CLKCONCMD. OSC=0,CLKCONCMD. CLKSPD 的值必须设置为 000,或当 CLKCONCMD. OSC=1 设置为 001

表 6-5 UxGCR -通用控制寄存器

位	名称	复位	R/W	描述
7	CPOL	0	R/W	SPI 的时钟极性 0:负时钟极性 1:正时钟极性
6	CPHA	0	R/W	SPI 时钟相位 0:当 SCK 从 CPOL 倒置到 CPOL 时数据输出到 MOSI,并且当 SCK 从 CPOL 倒置到 CPOL 时数据输入抽样到 MISO 1:当 SCK 从 CPOL 倒置到 CPOL 时数据输出到 MOSI,并且当 SCK 从 CPOL 倒置到 CPOL 时数据输入抽取到 MISO
5	ORDER	0	R/W	传送位顺序 0:LSB 先传送 1:MSB 先传送
4:0	BAUD_E[4:0]	0 0000	R/W	波特率指数值。BAUD_E 和 BAUD_M 决定了 UART 波特率和 SPI 的主 SCK 时钟频率

表 6-6　UxBAUD-波特率控制寄存器

位	名称	复位	R/W	描述
7:0	BAUD_M[7:0]	0x00	R/W	波特率小数部分的值。BAUD_E 和 BAUD_M 决定了 UART 的波特率和 SPI 的主 SCK 时钟频率

3. 其他 USART 通用寄存器

UxCSR：USARTx 控制和状态寄存器，主要用于设置是 UART 工作模式还是 SPI 工作模式，见表 6-7。

UxUCR：USARTx UART 控制寄存器，主要用于设置 UART 通信的相关参数，如校验位，数据位，见表 6-8。

UxBUF：USARTx 接收/发送数据缓冲寄存器，用于存放发送和接收的数据，见表 6-9。

表 6-7　UxCSR-控制和状态寄存器

位	名称	复位	R/W	描述
7	MODE	0	R/W	USART 模式选择 0:SPI 模式 1:UART 模式
6	RE	0	R/W	UART 接收器使能。注意:在 UART 完全配置之前不使能接收。 0:禁用接收器 1:接收器使能
5	SLAVE	0	R/W	SPI 主或者从模式选择 0:SPI 主模式 1:SPI 从模式
4	FE	0	R/W0	UART 帧错误状态 0:无帧错误检测 1:字节收到不正确停止位级别
3	ERR	0	R/W0	UART 奇偶错误状态 0:无奇偶错误检测 1:字节收到奇偶错误
2	RX_BYTE	0	R/W0	接收字节状态。URAT 模式和 SPI 从模式。当读 U0DBUF 该位自动清除，通过写 0 清除它，这样有效丢弃 U0DBUF 中的数据。 0:没有收到字节 1:准备好接收字节
1	TX_BYTE	0	R/W0	传送字节状态。URAT 模式和 SPI 主模式 0 字节没有被传送 1 写到数据缓存寄存器的最后字节被传送
0	ACTIVE	0	R	USART 传送/接收主动状态、在 SPI 从模式下该位等于从模式选择。 0:USART 空闲 1:在传送或者接收模式 USART 忙碌

表 6-8　UxUCR-UART 控制寄存器

位	名称	复位	R/W	描述
7	FLUSH	0	R0/W1	清除单元。当设置时,该事件将会立即停止当前操作并且返回单元的空闲状态

续表

位	名称	复位	R/W	描述
6	FLOW	0	R/W	UART 硬件流使能。用 RTS 和 CTS 引脚选择硬件流控制的使用。 0:流控制禁止 1:流控制使能
5	D9	0	R/W	UART 奇偶校验位。当使能奇偶校验,写入 D9 的值决定发送的第 9 位的值,如果收到的第 9 位不匹配收到字节的奇偶校验,接收时报告 ERR。如果奇偶校验使能,那么该位设置以下奇偶校验级别。 0:奇校验 1:偶校验
4	BIT9	0	R/W	UART 9 位数据使能。当该位是 1 时,使能奇偶校验位传输(即第 9 位)。如果通过 PARITY 使能奇偶校验,第 9 位的内容是通过 D9 给出的。 0:8 位传送 1:9 位传送
3	PARITY	0	R/W	UART 奇偶校验使能。除了为奇偶校验设置该位用于计算,必须使能 9 位模式。 0:禁用奇偶校验 1:奇偶校验使能
2	SPB	0	R/W	UART 停止位的位数。选择要传送的停止位的位数。 0:1 位停止位 1:2 位停止位
1	STOP	1	R/W	UART 停止位的电平必须不同于开始位的电平。 0:停止位低电平 1:停止位高电平
0	START	0	R/W	UART 起始位电平。闲置线的极性采用选择的起始位级别的电平的相反的电平。 0:起始位低电平 1:起始位高电平

表 6-9 UxBUF (0xC1) -接收/传送数据缓存寄存器

位	名称	复位	R/W	描述
7:0	BAUD_M[7:0]	0x00	R/W	USART 接收和传送数据。当写这个寄存器的时候数据被写到内部,传送数据寄存器。当读取该寄存器的时候,数据来自内部读取的数据寄存器

四、异步串口通信电路原理

计算机串行接口一般采用 RS232 标准接口或者 USB 接口,但是由于 CC2530 单片机的输入输出电平是 TTL 电平(5V 是 1、0V 是 0),而 RS232 标准接口(−12V 是 1、12V 是 0),两者的电器规范不一致,要完成两者之间的通信,需要在两者之间用 MAX232 芯片进行电平转换。

对于 USB2.0,除去屏蔽层,有 4 根线,分别是 VCC、GND 和 D+、D−两根信号线。5V 是 USB 的电源电压,给 USB device 供电用的。信号线对于 2.0,D+比 D−大 200mV 时为 1,D−比 D+大 200mV 时为 0,属差分信号,与 TTL 电平不兼容,信号传输时同样需要电平转换电路。

本任务采用 TTL/USB 接口模块连接单片机功能板和计算机,如图 6-6 所示。

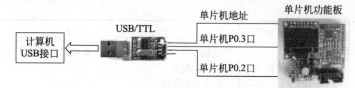

图 6-6　同计算机异步串口通信电路连接图

五、异步串口通信例程

```c
//程序名称:异步串口通信 .c
//功能:实现单片机同计算机异步通信,接收和发送数据
# include < iocc2530. h>
# include < string. h>

# define uint unsigned int
# define uchar unsigned char
# define FALSE 0
# define TURE 1

//定义控制灯的端口
# define YLED P1_3    //定义 LED1 为 P1_3 口控制
# define RLED P1_5    //定义 LED2 为 P1_5 口控制

void Delay(uint);
void initUARTtest(void);
void InitialAD(void);
void UartTX_Send_String(uchar * Data,int len);

uchar Recdata[30]= "DTmobile\n";
uchar RTflag = 1;
uchar temp;
uint  datanumber = 0;
uint  stringlen;

/ **************************************************************
* 函数功能:延时
* 入口参数:定性延时
* 返 回 值:无
* 说    明:
**************************************************************/
void Delay(uint n)
{
    uint i;
    for(i= 0;i< n;i+ + );
    for(i= 0;i< n;i+ + );
    for(i= 0;i< n;i+ + );
    for(i= 0;i< n;i+ + );
```

```
        for(i= 0;i< n;i+ + );
}


/ *********************************************************************
* 函数功能:初始化串口 1
* 入口参数:无
* 返 回 值:无
* 说    明:57600-8-n-1
 *********************************************************************/
void initUARTtest(void)
{

    CLKCONCMD &=  ～0x40;                //晶振
    while(! (SLEEPSTA & 0x40));       //等待晶振稳定
    CLKCONCMD &=  ～0x47;                 //TICHSPD128 分频,CLKSPD 不分频
    SLEEPCMD |=  0x04; //关闭不用的 RC 振荡器


    PERCFG =  0x00;//位置 0 P0 口
    P0SEL =  0x0c;//P0 用作串口


    U0CSR |=  0x80;//UART 方式
    U0GCR |= 10;//baud_e
    U0BAUD |=  216;//波特率设为 57600
    UTX0IF = 1;


    U0CSR |=  0X40;//允许接收
    IEN0 |=  0x84;//开总中断,接收中断
}


/ ********************************************************************
* 函数功能:串口发送字符串函数
* 入口参数:data:数据
*       len:数据长度
* 返 回 值:无
* 说    明:
 ********************************************************************/
void UartTX_Send_String(uchar * Data,int len)
{
    int j;
    for(j= 0;j< len;j+ + )
    {
      U0DBUF =  * Data+ + ;
      while(UTX0IF = = 0);
      UTX0IF =  0;
    }
}
```

```
/*********************************************************************
* 函数功能:主函数
* 入口参数:无
* 返 回 值:无
* 说    明:无
*********************************************************************/
void main(void)
{
    P1DIR |= 0x28;
    YLED = 1;
    RLED = 1;//LED
    initUARTtest();
    stringlen = strlen((char *)Recdata);
    UartTX_Send_String(Recdata,27);

    while(1)
    {
        if(RTflag == 1)//接收
        {
         YLED= 0;//接收状态指示
         if(temp != 0)
         {
            if((temp! = '# ')&&(datanumber< 30))
            {                             //'#'被定义为结束字符
                                          //最多能接收 30 个字符
              Recdata[datanumber+ + ] = temp;
            }
            else
            {
              RTflag = 3;                 //进入发送状态
            }
            if(datanumber == 30)RTflag = 3;
          temp  = 0;
         }
        }
        if(RTflag == 3)//发送
        {
         YLED= 1;                         //关黄色 LED
         RLED = 0;       //发送状态指示
         U0CSR &= ～0x40;//不能收数
         UartTX_Send_String(Recdata,datanumber);
         U0CSR |= 0x40;//允许收数
         RTflag = 1;                      //恢复到接收状态
         datanumber = 0;//指针归 0
         RLED = 1;       //关发送指示
        }
    }
```

```
}
/ ****************************************************************
* 函数功能:串口接收一个字符
* 入口参数 : 无
* 返 回 值:无
* 说    明:接收完成后打开接收
  ****************************************************************/
# pragma vector = URX0_VECTOR
__interrupt void UART0_ISR(void)
{
    URX0IF =  0;//清中断标志
    temp = U0DBUF;
}
```

【任务拓展】

改变单片机发送数据,观察计算机上串口调试助手的接收数据。

【任务评估】

1. 掌握 CC2530 单片机的异步串口通信模块工作和应用原理。

2. 掌握异步串口通信模块寄存器配置。

3. 掌握串口调试助手的配置方法。

任务二　同步串口通信（SPI）

【任务描述】

在单片机应用中,常常会用 I/O 口模拟串口通信格式进行收、发数据。本任务要求用单片机 I/O 口模拟同步串口通信四线 SPI 格式驱动 OLED 显示屏,掌握字符、汉字、数字、图形等多种显示形式的方法,如图 6-7 所示,实现图 6-7（a）、（b）的轮番显示。

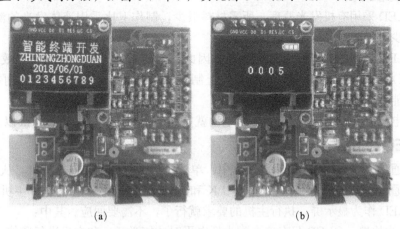

(a)   (b)

图 6-7　CC2530 单片机同 OLED 通信

【计划与实施】

1. 搭建程序系统,如例程所示。

（1）建立 oled.h 头文件。

（2）建立 oled.c 程序文件。

（3）建立 oledfont. h 头文件。

（4）建立 bmp. h 头文件。

（5）建立 main. c 程序文件。

（6）将 main. c 和 oled. c 添加到项目中，后编译，下载、调试和观察。

2. 更改程序，改变两种显示的轮显时间。

3. 将"ZHINENGZHONGDUAN"改为"zhinengzhongduan"。

（1）需要将小写字母的取模后，将 16 进制数添加到 oled. h 头文件中。

（2）相应的程序更改。

（3）下载调试。

【任务资讯】

一、OLED

1. OLED 技术特点

（1）OLED 器件的核心层厚度很薄，厚度可以小于 1mm，为液晶的 1/3。

（2）OLED 器件为全固态机构，无真空，液体物质，抗振性好，可以适应巨大的加速度、振动等恶劣环境。

（3）主动发光的特性使 OLED 几乎没有视角限制，视角一般可达到 170°，具有较宽的视角，从侧面也不会失真。

（4）OLED 显示屏的响应时间超过 TFT-LCD 液晶屏。TFT-LCD 的响应时间大约为几十毫秒，现在做得最好的 TFT-LCD 响应时间也只有 12ms。而 OLED 显示屏的响应时间大约是几微秒到几十微秒。

（5）OLED 低温特性好，在−40℃都能正常显示，目前航天服上也使用 OLED 作为显示屏。而 TFT-LCD 的响应速度随温度发生变化，低温下，其响应速度变慢，因此，液晶在低温下显示效果不好。

（6）OLED 采用有机发光原理，所需材料很少，制作上比采用液体发光的液晶工序少，液晶显示屏少 3 道工序，成本大幅降低。

（7）OLED 采用的二极管会自行发光，因此不需要背面光源，发光转化效率高，能耗比液晶低，OLED 能够在不同材质的基板上制造，厂家甚至可以将电路印制在弹性材料上——做成能弯曲的柔软显示器。

（8）低电压直流驱动，5V 以下，用电池就能点亮。高亮度，可达 300lm 以上。

2. OLED 通信格式

OLED 通信格式如图 6-8 所示。通信中，单片机为主机，OLED 为从机，从图中可以看到共有四条通信线，分别为 DC、CS、SCLK 和 SDIN，这四条信号都是由主机——单片机发出的，OLED 作为显示屏，执行主机的要求就行了，不需要回应。其中：

（1）CS 为片选，OLED 只有这个脚为低电平时才能激活，和主机进行通信。

（2）SCLK 为同步时钟，单片机和 OLED 通过同步时钟传递信号，当 SCLK 处于上升沿时（电平由低到高的瞬间），OLED 锁定单片机发送的数据，其他时刻数据无效。

（3）SDIN 为数据线。

（4）DC 为命令和数据控制相，当 DC 为高时，发送命令（例如开、关 OLED，调节亮度等），当 DC 为低时，发送显示数据。

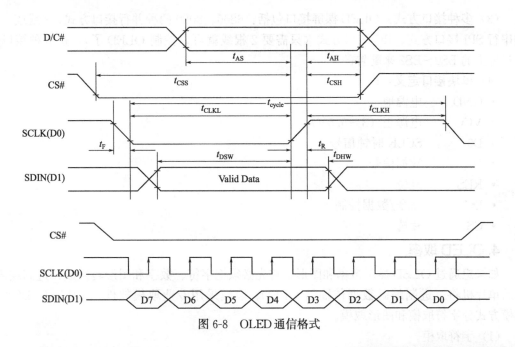

图 6-8 OLED 通信格式

3. OLED 参数介绍

在此我们使用中景园电子的 0.96in OLED 显示屏，如
图 6-9 所示，其具有如下参数。

（1）0.96 寸裸屏 OLED 有黄蓝、白、蓝三种颜色可选。
其中黄蓝是屏上 1/4 部分为黄光，下 3/4 为蓝；而且是固定
区域显示固定颜色，颜色和显示区域均不能修改；白光则为
纯白，也就是黑底白字；蓝色则为纯蓝，也就是黑底蓝字。

（2）分辨率为 128×64，如图 6-10 所示。其中列为 128
个像素，称为列像素 0~127，行共 64 个像素，称为行像素
0~63。这里又把每 8 个行像素作为 1 行，称为 0~7 行。

图 6-9 OLED 显示屏

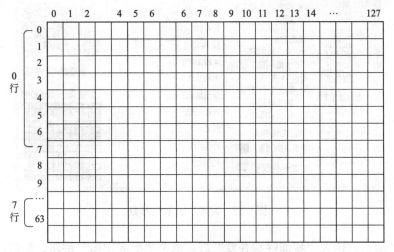

图 6-10 液晶像素说明

（3）多种接口方式。OLED裸屏接口包括：6800、8080两种并行接口方式、3线或4线的串行SPI接口方式、IIC接口方式（只需要2根线就可以控制OLED了），这五种接口是通过屏上的BS0～BS2来配置的。

（4）模块接口定义：

- GND　　　电源地
- VCC　　　电源正（3～5.5V）
- D0　　　　SCLK时钟信号
- D1　　　　数据信号
- RES　　　复位
- DC　　　　命令/数据控制
- CS　　　　片选

4. OLED取模

如果想通过OLED显示数据和图形，首先必须把字符、数字和图形转换成二进制编码，然后单片机将二进制编码数据传输给OLED。取模采用专业取模软件——PCtoLCD2002，取模方式分字符取模和图形取模。

（1）字符取模。

首先，单击"模式"菜单项，选择"字符模式"选项，如图6-11所示。

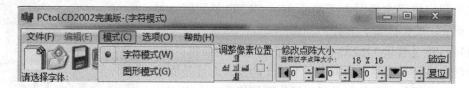

图6-11　选择字符模式

然后，单击"选项"菜单项，弹出菜单，按图6-12所示配置参数。

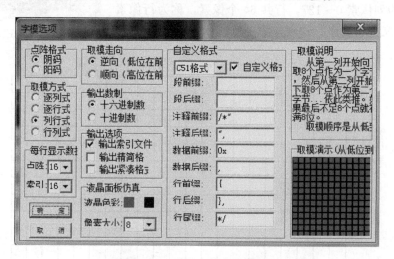

图6-12　配置字符取模参数

最后，在输入栏输入"智能终端开发"后，单击"生成字模"按钮，就可以看到取模栏中出现一系列16进制数，将其保存到程序的头文件即可，如图6-13所示。

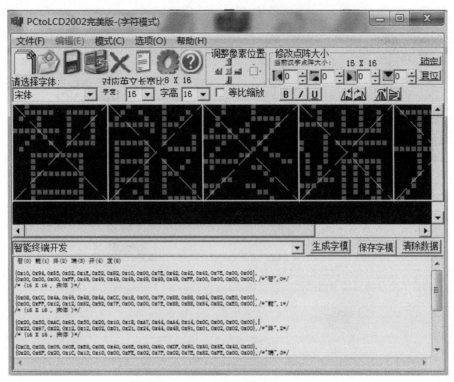

图 6-13　字符取模

（2）图形取模，设计电池电量指示标志。

首先，单击"模式"菜单项，选择"图形模式"选项，如图 6-14 所示。

图 6-14　图形模式选择

然后，单击"文件"→"新建"选项，弹出菜单，按图 6-15 所示配置参数。

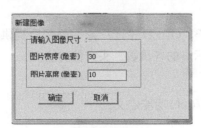

图 6-15　设置图形尺寸

选项的选择同字符取模一致。

最后，如图 6-16 所示，画出图形。说明在图形设计区域，单击一下鼠标左键，画 1 个像素，单击一下鼠标右键，取消一个像素。按照预先设计画好图形后，单击"生成字模"按钮，在取码区出现 16 进制数，可保存，也可直接保存到软件的头文件中。

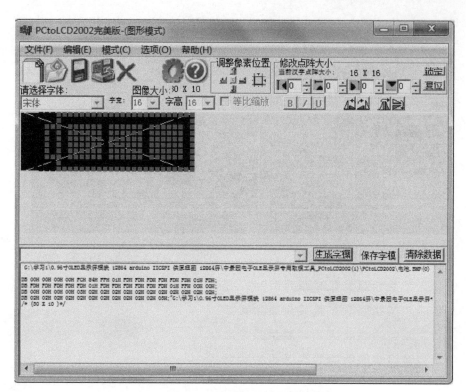

图 6-16　设计图形并取模

二、同步串行通信电路原理

同步通信电路原理如图 6-17 所示，可知：

- D0　　P0.2
- D1　　P0.3
- RES　P0.4
- DC　　P0.5
- CS　　P0.7

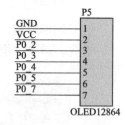

图 6-17　同步通信
电路原理图

三、同步串行通信程序

液晶模拟 SPI 通信的例子，OLED 生产厂家一般都会提供，根据自己的电路设计改就行，下面了解一下 OLED 显示屏的各函数、头文件功能。

1. oled.h 头文件

包括文件声明和单片机 I/O 口功能定义。

```
# ifndef __OLED_H
# define __OLED_H
# include < iocc2530.h>
# include < string.h>
# define  u8 unsigned char
# define  u32 unsigned int
# define OLED_CMD  0  //写命令
```

```
# define OLED_DATA 1      //写数据
# define DC    P0_5       //命令/数据
# define RST P0_4         //OLED复位
# define CS    P0_7       //片选
# define SCLK   P0_2      //时钟信号
# define SDIN   P0_3      //数据信号

void delay_ms(unsigned int ms);
void OLED_WR_Byte(u8 dat,u8 cmd);
void OLED_Init(void);
void OLED_Clear(void);
void OLED_ShowChar(u8 x,u8 y,u8 chr);
void OLED_ShowString(u8 x,u8 y, u8 * p);
void OLED_ShowCHinese(u8 x,u8 y,u8 no);
void OLED_DrawBMP(unsigned char x0, unsigned char y0, unsigned char x1,
unsigned char y1,unsigned char BMP[]);
# endif
```

2. oledfont. h 头文件

主要包括字符取模数据。

```
# ifndef __OLEDFONT_H
# define __OLEDFONT_H
# include < iocc2530. h>
# include < string. h>
//常用 ASCII 表(部分),可根据需要继续取模,ASC 码表见表 6-10
/*****************8* 16的点阵*****************************/
const unsigned char F8X16[]=
{
  0x00,0x00,0x00,0x00,0x00,0x00,0x00,0x00,0x00,0x00,0x00,0x00,0x00,0x00,0x00,0x00,// 0
  0x00,0x00,0x00,0xF8,0x00,0x00,0x00,0x00,0x00,0x00,0x00,0x33,0x30,0x00,0x00,0x00,//! 1
  0x00,0x10,0x0C,0x06,0x10,0x0C,0x06,0x00,0x00,0x00,0x00,0x00,0x00,0x00,0x00,0x00,//" 2
  0x40,0xC0,0x78,0x40,0xC0,0x78,0x40,0x00,0x04,0x3F,0x04,0x04,0x3F,0x04,0x04,0x00,//# 3
  0x00,0x70,0x88,0xFC,0x08,0x30,0x00,0x00,0x00,0x18,0x20,0xFF,0x21,0x1E,0x00,0x00,//$ 4
  0xF0,0x08,0xF0,0x00,0xE0,0x18,0x00,0x00,0x00,0x21,0x1C,0x03,0x1E,0x21,0x1E,0x00,//% 5
  0x00,0xF0,0x08,0x88,0x70,0x00,0x00,0x00,0x1E,0x21,0x23,0x24,0x19,0x27,0x21,0x10,//& 6
  0x10,0x16,0x0E,0x00,0x00,0x00,0x00,0x00,0x00,0x00,0x00,0x00,0x00,0x00,0x00,0x00,//' 7
  0x00,0x00,0x00,0xE0,0x18,0x04,0x02,0x00,0x00,0x00,0x00,0x07,0x18,0x20,0x40,0x00,//(8
  0x00,0x02,0x04,0x18,0xE0,0x00,0x00,0x00,0x40,0x20,0x18,0x07,0x00,0x00,0x00,0x00,//)9
  0x40,0x40,0x80,0xF0,0x80,0x40,0x40,0x00,0x02,0x02,0x01,0x0F,0x01,0x02,0x02,0x00,//* 10
  0x00,0x00,0x00,0xF0,0x00,0x00,0x00,0x00,0x01,0x01,0x01,0x1F,0x01,0x01,0x01,0x00,//+ 11
  0x00,0x00,0x00,0x00,0x00,0x00,0x00,0x00,0x80,0xB0,0x70,0x00,0x00,0x00,0x00,0x00,//, 12
  0x00,0x00,0x00,0x00,0x00,0x00,0x00,0x00,0x01,0x01,0x01,0x01,0x01,0x01,0x01,0x01,//- 13
  0x00,0x00,0x00,0x00,0x00,0x00,0x00,0x00,0x00,0x30,0x30,0x00,0x00,0x00,0x00,0x00,//. 14
  0x00,0x00,0x00,0x00,0x80,0x60,0x18,0x04,0x00,0x60,0x18,0x06,0x01,0x00,0x00,0x00,/// 15
  0x00,0xE0,0x10,0x08,0x08,0x10,0xE0,0x00,0x00,0x0F,0x10,0x20,0x20,0x10,0x0F,0x00,//0 16
  0x00,0x10,0x10,0xF8,0x00,0x00,0x00,0x00,0x00,0x20,0x20,0x3F,0x20,0x20,0x00,0x00,//1 17
  0x00,0x70,0x08,0x08,0x08,0x88,0x70,0x00,0x00,0x30,0x28,0x24,0x22,0x21,0x30,0x00,//2 18
  0x00,0x30,0x08,0x88,0x88,0x48,0x30,0x00,0x00,0x18,0x20,0x20,0x20,0x11,0x0E,0x00,//3 19
  0x00,0x00,0xC0,0x20,0x10,0xF8,0x00,0x00,0x00,0x07,0x04,0x24,0x24,0x3F,0x24,0x00,//4 20
```

```
0x00, 0xF8, 0x08, 0x88, 0x88, 0x08, 0x08, 0x00, 0x00, 0x19, 0x21, 0x20, 0x20, 0x11, 0x0E, 0x00, //5 21
0x00, 0xE0, 0x10, 0x88, 0x88, 0x18, 0x00, 0x00, 0x00, 0x0F, 0x11, 0x20, 0x20, 0x11, 0x0E, 0x00, //6 22
0x00, 0x38, 0x08, 0x08, 0xC8, 0x38, 0x08, 0x00, 0x00, 0x00, 0x00, 0x3F, 0x00, 0x00, 0x00, 0x00, //7 23
0x00, 0x70, 0x88, 0x08, 0x08, 0x88, 0x70, 0x00, 0x00, 0x1C, 0x22, 0x21, 0x21, 0x22, 0x1C, 0x00, //8 24
0x00, 0xE0, 0x10, 0x08, 0x08, 0x10, 0xE0, 0x00, 0x00, 0x00, 0x31, 0x22, 0x22, 0x11, 0x0F, 0x00, //9 25
0x00, 0x00, 0x00, 0xC0, 0xC0, 0x00, 0x00, 0x00, 0x00, 0x00, 0x00, 0x30, 0x30, 0x00, 0x00, 0x00, //: 26
0x00, 0x00, 0x00, 0x80, 0x00, 0x00, 0x00, 0x00, 0x00, 0x00, 0x80, 0x60, 0x00, 0x00, 0x00, 0x00, //; 27
0x00, 0x00, 0x80, 0x40, 0x20, 0x10, 0x08, 0x00, 0x00, 0x01, 0x02, 0x04, 0x08, 0x10, 0x20, 0x00, //< 28
0x40, 0x40, 0x40, 0x40, 0x40, 0x40, 0x40, 0x00, 0x04, 0x04, 0x04, 0x04, 0x04, 0x04, 0x04, 0x00, //= 29
0x00, 0x08, 0x10, 0x20, 0x40, 0x80, 0x00, 0x00, 0x00, 0x20, 0x10, 0x08, 0x04, 0x02, 0x01, 0x00, //> 30
0x00, 0x70, 0x48, 0x08, 0x08, 0x08, 0xF0, 0x00, 0x00, 0x00, 0x00, 0x30, 0x36, 0x01, 0x00, 0x00, //? 31
0xC0, 0x30, 0xC8, 0x28, 0xE8, 0x10, 0xE0, 0x00, 0x07, 0x18, 0x27, 0x24, 0x23, 0x14, 0x0B, 0x00, //@ 32
0x00, 0x00, 0xC0, 0x38, 0xE0, 0x00, 0x00, 0x00, 0x20, 0x3C, 0x23, 0x02, 0x02, 0x27, 0x38, 0x20, //A 33
0x08, 0xF8, 0x88, 0x88, 0x88, 0x70, 0x00, 0x00, 0x20, 0x3F, 0x20, 0x20, 0x20, 0x11, 0x0E, 0x00, //B 34
0xC0, 0x30, 0x08, 0x08, 0x08, 0x08, 0x38, 0x00, 0x07, 0x18, 0x20, 0x20, 0x20, 0x10, 0x08, 0x00, //C 35
0x08, 0xF8, 0x08, 0x08, 0x08, 0x10, 0xE0, 0x00, 0x20, 0x3F, 0x20, 0x20, 0x20, 0x10, 0x0F, 0x00, //D 36
0x08, 0xF8, 0x88, 0x88, 0xE8, 0x08, 0x10, 0x00, 0x20, 0x3F, 0x20, 0x20, 0x23, 0x20, 0x18, 0x00, //E 37
0x08, 0xF8, 0x88, 0x88, 0xE8, 0x08, 0x10, 0x00, 0x20, 0x3F, 0x20, 0x00, 0x03, 0x00, 0x00, 0x00, //F 38
0xC0, 0x30, 0x08, 0x08, 0x08, 0x38, 0x00, 0x00, 0x07, 0x18, 0x20, 0x20, 0x22, 0x1E, 0x02, 0x00, //G 39
0x08, 0xF8, 0x08, 0x00, 0x00, 0x08, 0xF8, 0x08, 0x20, 0x3F, 0x21, 0x01, 0x01, 0x21, 0x3F, 0x20, //H 40
0x00, 0x08, 0x08, 0xF8, 0x08, 0x08, 0x00, 0x00, 0x00, 0x20, 0x20, 0x3F, 0x20, 0x20, 0x00, 0x00, //I 41
0x00, 0x00, 0x08, 0x08, 0xF8, 0x08, 0x08, 0x00, 0xC0, 0x80, 0x80, 0x80, 0x7F, 0x00, 0x00, 0x00, //J 42
0x08, 0xF8, 0x88, 0xC0, 0x28, 0x18, 0x08, 0x00, 0x20, 0x3F, 0x20, 0x01, 0x26, 0x38, 0x20, 0x00, //K 43
0x08, 0xF8, 0x08, 0x00, 0x00, 0x00, 0x00, 0x00, 0x20, 0x3F, 0x20, 0x20, 0x20, 0x20, 0x30, 0x00, //L 44
0x08, 0xF8, 0xF8, 0x00, 0xF8, 0xF8, 0x08, 0x00, 0x20, 0x3F, 0x00, 0x3F, 0x00, 0x3F, 0x20, 0x00, //M 45
0x08, 0xF8, 0x30, 0xC0, 0x00, 0x08, 0xF8, 0x08, 0x20, 0x3F, 0x20, 0x00, 0x07, 0x18, 0x3F, 0x00, //N 46
0xE0, 0x10, 0x08, 0x08, 0x08, 0x10, 0xE0, 0x00, 0x0F, 0x10, 0x20, 0x20, 0x20, 0x10, 0x0F, 0x00, //O 47
0x08, 0xF8, 0x08, 0x08, 0x08, 0x08, 0xF0, 0x00, 0x20, 0x3F, 0x21, 0x01, 0x01, 0x01, 0x00, 0x00, //P 48
0xE0, 0x10, 0x08, 0x08, 0x08, 0x10, 0xE0, 0x00, 0x0F, 0x18, 0x24, 0x24, 0x38, 0x50, 0x4F, 0x00, //Q 49
0x08, 0xF8, 0x88, 0x88, 0x88, 0x88, 0x70, 0x00, 0x20, 0x3F, 0x20, 0x00, 0x03, 0x0C, 0x30, 0x20, //R 50
0x00, 0x70, 0x88, 0x08, 0x08, 0x08, 0x38, 0x00, 0x00, 0x38, 0x20, 0x21, 0x21, 0x22, 0x1C, 0x00, //S 51
0x18, 0x08, 0x08, 0xF8, 0x08, 0x08, 0x18, 0x00, 0x00, 0x00, 0x20, 0x3F, 0x20, 0x00, 0x00, 0x00, //T 52
0x08, 0xF8, 0x08, 0x00, 0x00, 0x08, 0xF8, 0x08, 0x00, 0x1F, 0x20, 0x20, 0x20, 0x20, 0x1F, 0x00, //U 53
0x08, 0x78, 0x88, 0x00, 0x00, 0xC8, 0x38, 0x08, 0x00, 0x00, 0x07, 0x38, 0x0E, 0x01, 0x00, 0x00, //V 54
0xF8, 0x08, 0x00, 0xF8, 0x00, 0x08, 0xF8, 0x00, 0x03, 0x3C, 0x07, 0x00, 0x07, 0x3C, 0x03, 0x00, //W 55
0x08, 0x18, 0x68, 0x80, 0x80, 0x68, 0x18, 0x08, 0x20, 0x30, 0x2C, 0x03, 0x03, 0x2C, 0x30, 0x20, //X 56
0x08, 0x38, 0xC8, 0x00, 0xC8, 0x38, 0x08, 0x00, 0x00, 0x00, 0x20, 0x3F, 0x20, 0x00, 0x00, 0x00, //Y 57
0x10, 0x08, 0x08, 0x08, 0xC8, 0x38, 0x08, 0x00, 0x20, 0x38, 0x26, 0x21, 0x20, 0x20, 0x18, 0x00, //Z 58
};
//汉字取模
const unsigned char Hzk[][32]= {
{0x10, 0x94, 0x53, 0x32, 0x1E, 0x32, 0x52, 0x10, 0x00, 0x7E, 0x42, 0x42, 0x42, 0x7E, 0x00, 0x00},
{0x00, 0x00, 0x00, 0xFF, 0x49, 0x49, 0x49, 0x49, 0x49, 0x49, 0x49, 0xFF, 0x00, 0x00, 0x00, 0x00},/* "智",0* /
{0x08, 0xCC, 0x4A, 0x49, 0x48, 0x4A, 0xCC, 0x18, 0x00, 0x7F, 0x88, 0x88, 0x84, 0x82, 0xE0, 0x00},
{0x00, 0xFF, 0x12, 0x12, 0x52, 0x92, 0x7F, 0x00, 0x00, 0x7E, 0x88, 0x88, 0x84, 0x82, 0xE0, 0x00},/* "能",1* /
{0x20, 0x30, 0xAC, 0x63, 0x30, 0x20, 0x10, 0x18, 0xA7, 0x44, 0xA4, 0x14, 0x0C, 0x00, 0x00, 0x00},
{0x22, 0x67, 0x22, 0x12, 0x12, 0x02, 0x01, 0x21, 0x24, 0x44, 0x48, 0x91, 0x01, 0x02, 0x02, 0x00},/* "终",2* /
{0xC8, 0x08, 0x09, 0x0E, 0xE8, 0x08, 0x40, 0x5E, 0x50, 0x50, 0xDF, 0x50, 0x50, 0x5E, 0x40, 0x00},
{0x20, 0x6F, 0x20, 0x1C, 0x13, 0x10, 0x00, 0xFE, 0x02, 0x7F, 0x02, 0x7E, 0x82, 0xFE, 0x00, 0x00},/* "端",3* /
{0x80, 0x82, 0x82, 0x82, 0xFE, 0x82, 0x82, 0x82, 0x82, 0x82, 0xFE, 0x82, 0x82, 0x82, 0x80, 0x00},
{0x00, 0x80, 0x40, 0x30, 0x0F, 0x00, 0x00, 0x00, 0x00, 0x00, 0xFF, 0x00, 0x00, 0x00, 0x00, 0x00},/* "开",4* /
```

```
{0x00,0x00,0x18,0x16,0x10,0xD0,0xB8,0x97,0x90,0x90,0x90,0x92,0x94,0x10,0x00,0x00},
{0x00,0x20,0x10,0x8C,0x83,0x80,0x41,0x46,0x28,0x10,0x28,0x44,0x43,0x80,0x80,0x00},/* "发",5* /
};
# endif
```

3. oled. c

```
//OLED 通信程序
# include "oled.h"
# include "oledfont.h"
//延时函数
void delay_ms(unsigned int ms)
{
    unsigned int i;
    unsigned int j;
    for(i =  0;i <  ms;i+ + )
        for(j =  0;j <  600;j+ + )
        {
            asm("NOP");
            asm("NOP");
            asm("NOP");
        }
}
//向 SSD1306 写入一个字节
//dat:要写入的数据/命令
//cmd:数据/命令标志 0,表示命令;1,表示数据
void OLED_WR_Byte(u8 dat,u8 cmd)
{
    u8 i;
    if(cmd)
      DC= 1;
    else
      DC= 0;
      CS= 0;
    for(i= 0;i< 8;i+ + )
    {
            SCLK= 0;
        if(dat&0x80)
          {
          SDIN= 1;
          }
                else
            SDIN= 0;
            SCLK= 1;
        dat<< = 1;
    }
            CS= 1;
            DC= 1;
}
```

```
void OLED_Set_Pos(unsigned char x, unsigned char y)
{
    OLED_WR_Byte(0xb0+ y,OLED_CMD);
    OLED_WR_Byte(((x&0xf0)> > 4)|0x10,OLED_CMD);
    OLED_WR_Byte((x&0x0f)|0x01,OLED_CMD);
}


//清屏函数,清完屏,整个屏幕是黑色的! 和没点亮一样!!!
void OLED_Clear(void)
{
    u8 i,n;
    for(i= 0;i< 8;i+ + )
    {
        OLED_WR_Byte(0xb0+ i,OLED_CMD);        //设置页地址(0～7)
        OLED_WR_Byte(0x00,OLED_CMD);           //设置显示位置—列低地址
        OLED_WR_Byte(0x10,OLED_CMD);           //设置显示位置—列高地址
        for(n= 0;n< 128;n+ + ) OLED_WR_Byte(0,OLED_DATA);
    } //更新显示
}


//在指定位置显示一个字符,包括部分字符
//x:0～127
//y:0～7
//mode:0,反白显示;1,正常显示
//size:选择字体 8X16
void OLED_ShowChar(u8 x,u8 y,u8 chr)
{
    unsigned char c= 0,i= 0;
        c= chr-' ';//得到偏移后的值
        //if(x> Max_Column-1){x= 0;y= y+ 2;}

            OLED_Set_Pos(x,y);
            for(i= 0;i< 8;i+ + )
            OLED_WR_Byte(F8X16[c* 16+ i],OLED_DATA);
            OLED_Set_Pos(x,y+ 1);
            for(i= 0;i< 8;i+ + )
            OLED_WR_Byte(F8X16[c* 16+ i+ 8],OLED_DATA);
}


//显示一个字符号串
//size:选择字体 8X16
void OLED_ShowString(u8 x,u8 y,u8 * chr)
{
    unsigned char j= 0;
    while(chr[j]! = '\0')
    {       OLED_ShowChar(x,y,chr[j]);
            x+ = 8;
```

```c
        if(x> 120){x= 0;y+ = 2;}
            j+ + ;
    }
}
//显示汉字
void OLED_ShowCHinese(u8 x,u8 y,u8 no)
{
    u8 t,adder= 0;
    OLED_Set_Pos(x,y);
    for(t= 0;t< 16;t+ + )
        {
                OLED_WR_Byte(Hzk[2* no][t],OLED_DATA);
                adder+ = 1;
        }
        OLED_Set_Pos(x,y+ 1);
    for(t= 0;t< 16;t+ + )
        {
            OLED_WR_Byte(Hzk[2* no+ 1][t],OLED_DATA);
            adder+ = 1;
        }
}
/* 功能描述:显示 BMP 图片 128×64 起始点坐标(x,y),x 的范围 0~127,y 为页的范围 0~7****/
void OLED_DrawBMP(unsigned char x0, unsigned char y0,unsigned
char x1, unsigned char y1,unsigned char BMP[])
{
unsigned int j= 0;
unsigned char x,y;

    if(y1% 8= = 0)y= y1/8;
    else y= y1/8+ 1;
      for(y= y0;y< y1;y+ + )
      {
          OLED_Set_Pos(x0,y);
      for(x= x0;x< x1;x+ + )
        {
              OLED_WR_Byte(BMP[j+ + ],OLED_DATA);
        }
    }
}


//初始化 OLED 控制芯片 SSD1306
void OLED_Init(void)
{
    P0DIR|= 0XBC;
    RST= 1;
    delay_ms(100);
    RST= 0;                  /*************OLED 复位 *************/
```

```
        delay_ms(100);
        RST= 1;

        OLED_WR_Byte(0xAE,OLED_CMD);//--turn off oled panel
        OLED_WR_Byte(0x00,OLED_CMD);//--set low column address
        OLED_WR_Byte(0x10,OLED_CMD);//--set high column address
        OLED_WR_Byte(0x40,OLED_CMD);//--set start line address
        OLED_WR_Byte(0x81,OLED_CMD);//--set contrast control register
        OLED_WR_Byte(0xCF,OLED_CMD); // Set SEG Output Current Brightness
        OLED_WR_Byte(0xA1,OLED_CMD);//--Set SEG/Column Mapping
        OLED_WR_Byte(0xC8,OLED_CMD);//Set COM/Row Scan Direction
        OLED_WR_Byte(0xA6,OLED_CMD);//--set normal display
        OLED_WR_Byte(0xA8,OLED_CMD);//--set multiplex ratio(1 to 64)
        OLED_WR_Byte(0x3f,OLED_CMD);//--1/64 duty
        OLED_WR_Byte(0xD3,OLED_CMD);//-set display offset
        OLED_WR_Byte(0x00,OLED_CMD);//-not offset
        OLED_WR_Byte(0xd5,OLED_CMD);//--set display clock
        OLED_WR_Byte(0x80,OLED_CMD);//--set divide ratio
        OLED_WR_Byte(0xD9,OLED_CMD);//--set pre-charge period
        OLED_WR_Byte(0xF1,OLED_CMD);//Set Pre-Charge as 15 Clocks
        OLED_WR_Byte(0xDA,OLED_CMD);//--set com pins hardware configuration
        OLED_WR_Byte(0x12,OLED_CMD);
        OLED_WR_Byte(0xDB,OLED_CMD);//--set vcomh
        OLED_WR_Byte(0x40,OLED_CMD);//Set VCOM Deselect Level
        OLED_WR_Byte(0x20,OLED_CMD);//-Set Page Addressing Mode(0x00/0x01/0x02)
        OLED_WR_Byte(0x02,OLED_CMD);//
        OLED_WR_Byte(0x8D,OLED_CMD);//--set Charge Pump enable/disable
        OLED_WR_Byte(0x14,OLED_CMD);//--set(0x10)disable
        OLED_WR_Byte(0xA4,OLED_CMD);// Disable Entire Display On(0xa4/0xa5)
        OLED_WR_Byte(0xA6,OLED_CMD);// Disable Inverse Display On(0xa6/a7)
        OLED_WR_Byte(0xAF,OLED_CMD);//--turn on oled panel
        OLED_WR_Byte(0xAF,OLED_CMD); /* display ON* /
        OLED_Clear();
        OLED_Set_Pos(0,0);
}
```

4. bmp.h 头文件

```
//图形文件的取模数据,显示电池电量
# ifndef __BMP_H
# define __BMP_H
# include < iocc2530.h>
# include < string.h>
unsigned char BMP1[] =
{
0x00,0x00,0x00,0x00,0xFC,0x84,0xFF,0x01,0xFD,0xFD,0xFD,0xFD,0xFD,0xFD,0x01,0xFD,
0xFD,0xFD,0xFD,0xFD,0xFD,0x01,0xFD,0xFD,0xFD,0xFD,0xFD,0xFD,0x01,0xFF,0x00,0x00,
0x00,0x00,0x00,0x00,0x03,0x02,0x02,0x02,0x02,0x02,0x02,0x02,0x02,0x02,0x02,
```

```
0x02,0x02,0x02,0x02,0x02,0x02,0x02,0x02,0x02,0x02,0x02,0x03,
};
# endif
```

5. main. c 主程序

```c
# include < iocc2530.h>
# include < string.h>
# include "oled.h"
# include "bmp.h"
int main(void)
  {
        u8 t;
        u32 jishu= 0;
        u8 shu1,shu10,shu100,shu1000;
     OLED_Init();//初始化 OLED
     OLED_Clear()  ;

   while(1)
   {
     OLED_Clear();
     OLED_ShowCHinese(4,0,0); //智
     OLED_ShowCHinese(25,0,1);//能
     OLED_ShowCHinese(46,0,2);//终
     OLED_ShowCHinese(67,0,3);//端
     OLED_ShowCHinese(88,0,4);//开
     OLED_ShowCHinese(109,0,5);//发
     OLED_ShowString(0,2,"ZHINENGZHONGDUAN");
     OLED_ShowString(20,4,"2018/06/01");
     t= 0x30;              //ASC 码偏移量 0X30
     OLED_ShowChar(0,6,t); //显示"0"
     t+ + ;
     OLED_ShowChar(12,6,t);//显示"1"
     t+ + ;
     OLED_ShowChar(24,6,t);//显示"2"
     t+ + ;
     OLED_ShowChar(36,6,t);//显示"3"
     t+ + ;
     OLED_ShowChar(48,6,t);//显示"4"
     t+ + ;
     OLED_ShowChar(60,6,t);//显示"5"
     t+ + ;
     OLED_ShowChar(72,6,t);//显示"6"
     t+ + ;
     OLED_ShowChar(84,6,t);//显示"7"
     t+ + ;
     OLED_ShowChar(96,6,t);//显示"8"
     t+ + ;
```

```
OLED_ShowChar(108,6,t);//显示"9"
  delay_ms(2000);
OLED_Clear();                          //清屏
delay_ms(50);
OLED_DrawBMP(90,0,120,2,BMP1);         //图片显示
jishu+ + ;                             //字符和图片循环显示计次
shu1000= jishu% 10000/1000+ 0x30;      //字符和图片循环显示计次取千位
shu100= jishu% 1000/100+ 0x30;         //字符和图片循环显示计次取百位
shu10= jishu% 100/10+ 0x30;            //字符和图片循环显示计次取十位
shu1= jishu% 10+ 0x30;                 //字符和图片循环显示计次取个位
OLED_ShowChar(40,4,shu1000);           //显示循环次数千位
OLED_ShowChar(56,4,shu100);            //显示循环次数百位
OLED_ShowChar(72,4,shu10);             //显示循环次数十位
OLED_ShowChar(88,4,shu1);              //显示循环次数个位
delay_ms(2000);
    }
  }
```

表 6-10 ASCII 码表

L \ H	0000	0001	0010	0011	0100	0101	0110	0111
0000	NUL	DLE	SP	0	@	P	'	p
0001	SOH	DC1	!	1	A	Q	a	q
0010	STX	DC2	"	2	B	R	b	r
0011	ETX	DC3	#	3	C	S	c	s
0100	EOT	DC4	$	4	D	T	d	t
0101	ENQ	NAK	%	5	E	U	e	u
0110	ACK	SYN	&	6	F	V	f	v
0111	BEL	ETB	,	7	G	W	g	w
1000	BS	CAN	)	8	H	X	h	x
1001	HT	EM	(	9	I	Y	i	y
1010	LF	SUB	*	:	J	Z	j	z
1011	VT	ESC	+	;	K	[	k	{
1100	FF	FS	,	<	L	\	l	|
1101	CR	GS	-	=	M	]	m	}
1110	SO	RS	.	>	N	^	n	~
1111	SI	US	/	?	O	_	o	DEL

6. ASCII 码表说明

ASCII 码表为计算机中通用的编码表，一些字符、数字和符号用二进制数表示，表头中"H"代表编码高位，"L"代表编码低位。

例如："0"的编码，"H"为 0011，"L" 0000，所以合起来即为"0"的完整编码，为二进制数 001100，转换成十六进制数为 0X30。

【任务拓展】

　　自由设计字符显示或图形显示。

【任务评估】

　　1. 掌握同步串行通信原理和数据格式。

　　2. 掌握字符和图形取模的方法。

　　3. 掌握字符和图形显示的方法。

小制作 4　传感器功能板

【任务描述】

　　完成传感器功能板的焊接及调试，实物见图 Z4-1。

图 Z4-1　传感器功能板

【计划与实施】

　　1. 仪器、工具及辅料（焊锡）准备及查验。

　　仪器：数字万用表、数字示波器、恒温焊台、直流稳压电源。

　　工具：斜口钳、尖嘴钳、镊子。

　　2. 各组根据附录 C 图 C-4 传感器功能板原理图填写材料清单，并依据材料清单领取原材料。

　　3. 完成传感器功能板焊接。

　　4. 完成传感器功能板调试。

　　(1) 观察。观察电路板有无连焊、虚焊、漏焊和错件，安装方向是否正确？

　　观察结果：

　　(2) 不带电测量电源是否短路？

　　测试方法：将数字万用表旋至通断挡，分别测试 C2、C3 两端的阻值。

　　测试结果：

　　如果短路，问题是：

（3）测量发光二极管方向是否正确，好坏？

测试方法：将数字万用表旋至通断挡，分别测试 LED 两端。用红表笔接至 LED 无白色丝印一端，黑表笔接至另一端，正常 LED 应亮。

测试结果：

如果有不亮的 LED，原因是：

（4）带电测量电源电压？

测试方法：加 USB 供电电源。

测试结果：

① 电源指示发光二极管 D15 是否亮：

如果不亮是什么问题？

② 测量电源 VDD 电压：　　V　（正常电压 5V 左右）

如果电压不正常是什么问题？

③ 测量电源 VCC 电压：　　V　（正常电压 3.3V 左右）

如果电压不正常是什么问题？

（5）仿真下载测试。

注意：传感器功能板要求将调试好的 CC2531 核心板直接焊接到传感器功能板上，然后通过 SmartRF04EB 仿真器与电脑连接，用 IAR 在线仿真系统进行程序下载测试。

测试结果：

如果无法下载，原因是：

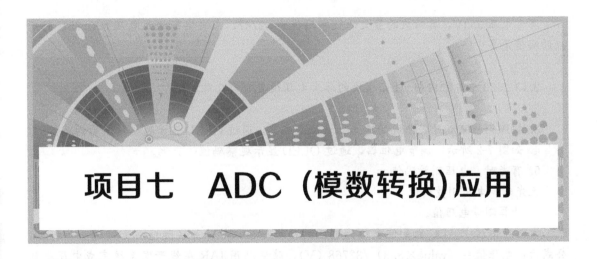

项目七 ADC（模数转换）应用

【项目概述】

本项目学习的主要内容是 CC2530 内部模拟/数字信号转换（Analog-to-Digital Converter，ADC）模块的工作原理和使用方法，一共包括两个任务。任务一用来理解单片机 ADC 模块工作及应用原理，掌握 ADC 模块寄存器的配置方法，完成对单通道电压信号的测量。任务二是 ADC 的应用举例，利用模拟信号的测量实现控制。

【项目目标】

知识目标

1. 掌握 CC2530 的 ADC 模块工作原理和应用方法。

2. 掌握 CC2530 的 ADC 模块的寄存器配置。

3. 掌握 CC2530 的光敏电阻的工作原理及应用方法。

4. 掌握继电器的工作原理及控制方法。

技能目标

1. 能够根据实际应用配置 ADC 相关寄存器。

2. 能够用单片机内部 ADC 模块进行应用设计。

3. 能够完成光控开关的电气连接。

素质目标

1. 具备开阔、灵活的思维能力。

2. 具备积极、主动的探索精神。

3. 具备严谨、细致的工作态度。

◢ 任务一 电压测量

【任务描述】

单片机能够识别的是数字信号，模拟信号必须转换成数字信号，单片机才能对数据进行处理，本任务要求利用单片机内部的模拟信号/数字信号转换（ADC）模块完成电压的测量。

【计划与实施】

1. 如果单片机 ADC 模块设置如下：

参考电压 3.3V，其对应的最大的数字码值为 32767，求当实际输入电压为 0.75V 时对应的码值是多少？

2. CC2530 单片机内部 ADC 模块的参考电压设置有哪几种选择？

3. 按照例程完成开发系统的建立、调试及连接，通过 OLED 显示观察转换后的码值。

4. 如图 7-2 所示，调节电位器，通过 OLED 显示观察码值的变化。

5. 有光时，电压测量码值＝

无光时，电压测量码值＝

6. 计算测量电压值。

本任务例程中 ADC 测量值直接为电压的转换码值，要计算实际电压需经进一步计算，公式为：电压值＝（value×3.3）/32768（V），改变利用 IAR 在线开发系统完成电压测量值程序编写、调试及下载运行，并完成下面问题。

（1）有光时，OLED 显示电压值：　　　V，实际用万用表测量电压值：　　　V，误差：

（2）无光时，OLED 显示电压值：　　　V，实际用万用表测量电压值：　　　V，误差：

7. 改变算法，减少误差，电压测量公式修正为 电压值＝（value×X）/32768（V），程序编写运行后测量得到：

（1）有光时，OLED 显示电压值：　　　V，实际用万用表测量电压值：　　　V，误差：

（2）无光时，OLED 显示电压值：　　　V，实际用万用表测量电压值：　　　V，误差：

【任务资讯】

一、ADC 介绍

1. 什么是 ADC

模拟/数字转换通常简写为 ADC（Analog-to-Digital Converter 的缩写），是将输入的模拟信号转换为数字信号。

真实世界的信号，各种被测控的物理量（如速度、压力、温度、光照强度、磁场等）是一些连续变化的物理量，传感器将这些物理量转换成与之相对应的电压和电流就是模拟信号。单片机系统只能接收数字信号，要处理这些信号就必须把它们转换成数字信号。模拟/数字信号的转换是数字测控系统中必需的信号转换。

2. ADC 的采样率

模拟信号在时域上是连续的，但在进行模数转换的过程中，必须是每隔一定时间采集一个模拟量转换成数字量，所以采集的数字量实际上是离散的，不连续的。我们用采样率来表达采集模拟信号的频率和间隔的大小。

当把离散信号还原为原始信号时存在失真的可能性，这是我们在设计上必须考虑和解决的。采样率太小，失真过大，仅当采样率比信号频率的两倍还高的情况下，才可能达到对原始信号的忠实还原，这一规律在采样定理有所体现。

3. ADC 的分辨率

典型的模拟数字转换器将模拟信号转换为表示一定比例电压值的数字信号。首先必须有一个参考电压值，对应最大的转换后数字量，这个最大的数字量决定了 ADC 的精度和分辨率,数值越大,精度越高。

例如,12 位分辨率的 ADC。

这里 12 位指的是二进制数,我们可知 12 位二进制数最大值用二进制、十六进制和十进制分别表示为:$(111111111111)_2$、$(FFF)_{16}$、$(4095)_{10}$。

假设模数转换的参考电压为 1.5V,其对应的数字量为 4095,那么如果有输入电压测量值为 X,则其经 ADC 后的数字量为 N,因为模拟量和数字量成线性关系,可以表示为:

$$\frac{1.5}{X} = \frac{4095}{N} \tag{7-1}$$

则测量电压的计算公式为:

$$X = 1.5N/4095 \tag{7-2}$$

模数转换的误差为 ±1 个数字量,则误差可以表示为 $\pm 1.5 \div 4095 \approx 0.00037V$,同样的参考电压,如果是 7 位 ADC,误差表示为 $\pm 1.5 \div 127 \approx 0.012V$。由此我们可以发现,ADC 的位数越多,误差越小,分辨率越高。

二、CC2530 的 ADC 模块

ADC 支持多达 14 位的模拟数字转换,具有多达 12 位的 ENOB(有效数字位)。它包括一个模拟多路转换器,具有多达 8 个各自可配置的通道;以及一个参考电压发生器。转换结果通过 DMA 写入存储器,还具有若干运行模式。

ADC 的主要特性如下。

① 可选的抽取率,这也设置了分辨率(7~12 位)。

② 8 个独立的输入通道,可接受单端或差分信号。

③ 参考电压可选为内部单端、外部单端、外部差分或 AVDD5。

④ 产生中断请求。

⑤ 转换结束时的 DMA 触发。

⑥ 温度传感器输入。

⑦ 电池测量功能。

ADC 方框图如图 7-1 所示。

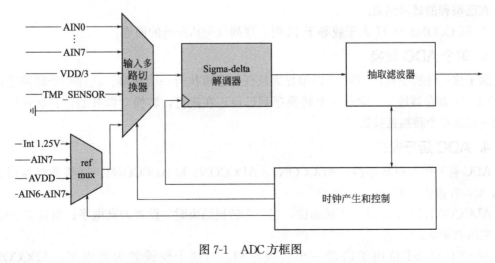

图 7-1 ADC 方框图

1. ADC 输入

端口 0 引脚的信号可以用作 ADC 输入。在下面的描述中，这些端口引脚指的是 AIN0～AIN7 引脚。输入引脚 AIN0～AIN7 是连接到 ADC 的。

可以把输入配置为单端或差分输入。在选择差分输入的情况下，差分输入包括输入对 AIN0-1、AIN2-3、AIN4-5 和 AIN6-7。注意负电压不适用于这些引脚，大于 VDD（未调节电压）的电压也不能。它们之间的差别是在差分模式下转换，它是在差分模式下转换的输入对之间的差。

除了输入引脚 AIN0～AIN7，片上温度传感器的输出也可以选择作为 ADC 的输入，用于温度测量，还可以输入一个对应 AVDD5/3 的电压作为一个 ADC 输入。这个输入允许诸如需要在应用中实现一个电池监测器的功能。

单端电压输入 AIN0 到 AIN7 以通道号码 0 到 7 表示。通道号码 8 到 11 表示差分输入，由 AIN0-AIN1、AIN2-AIN3、AIN4-AIN5 和 AIN6-AIN7 组成。通道号码 12 到 15 表示 G N D （12）、温度传感器（14）和 AVDD5/3（15）。这些值在 ADCCON2. SCH 和 ADCCON3. SCH 域中使用。

2. ADC 转换序列

ADC 将执行一系列的转换，并把结果移动到存储器（通过 DMA），不需要任何 CPU 干预。

转换序列可以被 APCFG 寄存器影响，八位模拟输入来自 I/O 引脚，不必经过编程变为模拟输入。如果一个通道正常情况下应是序列的一部分，但是相应的模拟输入在 APCFG 中禁用，那么通道将被跳过。

当使用差分输入，处于差分对的两个引脚都必须在 APCFG 寄存器中设置为模拟输入引脚。

ADCCON2. SCH 寄存器位用于定义一个 ADC 转换序列，它来自 ADC 输入。如果 DCCON2. SCH 设置为一个小于 8 的值，转换序列包括一个转换，来自每个通道，从 0 往上，包括 ADCCON2. SCH 编程的通道号码。

当 ADCCON2. SCH 设置为一个在 8 和 12 之间的值，序列包括差分输入，从通道 8 开始，在已编程的通道结束。

当 ADCCON2. SCH 大于或等于 12 时，序列仅包括所选的通道。

3. 单个 ADC 转换

除了这一转换序列，ADC 可以编程为从任何通道执行一个转换。这样一个转换通过写 ADCCON3 寄存器触发。除非一个转换序列已经正在进行，转换立即开始，在这种情况下序列一完成单个转换就被执行。

4. ADC 运行模式

ADC 有三种控制寄存器：ADCCON1、ADCCON2 和 ADCCON3。这些寄存器用于配置 ADC，并报告结果。

ADCCON1. EOC 位是一个状态位，当一个转换结束时，设置为高电平；当读取 ADCH 时，它就被清除。

ADCCON1. ST 位用于启动一个转换序列。当这个位设置为高电平，ADCCON1. STSEL 是 11，且当前没有转换正在运行时，就启动一个序列。当这个序列转换完成，这个位就被自动清除。

ADCCON1. STSEL 位选择哪个事件将启动一个新的转换序列。该选项可以选择为外部引脚 P2.0 上升沿或外部引脚事件，之前序列的结束事件，定时器 1 的通道 0 比较事件或 ADCCON1. ST 是 1。

ADCCON2 寄存器控制转换序列是如何执行的。

ADCCON2. SREF 用于选择参考电压。参考电压只能在没有转换运行的时候修改。

ADCCON2. SDIV 位选择抽取率（并因此设置了分辨率和完成一个转换所需的时间，或样本率）。抽取率只能在没有转换运行的时候修改。

转换序列的最后一个通道由 ADCCON2. SCH 位选择，如上所述。

ADCCON3 寄存器控制单个转换的通道号码、参考电压和抽取率。单个转换在寄存器 ADCCON3 写入后将立即发生，或如果一个转换序列正在进行，该序列结束之后立即发生。该寄存器位的编码和 ADCCON2 是完全一样的。

5. ADC 转换结果

数字转换结果以 2 的补码形式表示。对于单端配置，结果总是为正。这是因为结果是输入信号和地面之间的差值，它总是一个正符号数（$V_{conv} = V_{inp} - V_{inn}$，其中 $V_{inn} = 0V$）。当输入幅度等于所选的电压参考 V_{REF} 时，达到最大值。对于差分配置，两个引脚对之间的差分被转换，这个差分可以是负符号数。对于抽取率是 512 的一个数字转换结果的 12 位 MSB，当模拟输入 V_{conv} 等于 V_{REF} 时，数字转换结果是 2047。当模拟输入等于 $-V_{REF}$ 时，数字转换结果是 -2048。

当 ADCCON1. EOC 设置为 1 时，数字转换结果是可以获得的，且结果放在 ADCH 和 ADCL 中。注意转换结果总是驻留在 ADCH 和 ADCL 寄存器组合的 MSB 段中。

当读取 ADCCON2. SCH 位时，它们将指示转换在哪个通道上进行。ADCL 和 ADCH 中的结果一般适用于之前的转换。如果转换序列已经结束，ADCCON2. SCH 的值大于最后一个通道号码，但是如果最后写入 ADCCON2. SCH 的通道号码是 12 或更大，将读回同一个值。

6. ADC 参考电压

模拟数字转换的正参考电压可选择为一个内部生成的电压，AVDD5 引脚，适用于 AIN7 输入引脚的外部电压，或适用于 AIN6-AIN7 输入引脚的差分电压。

转换结果的准确性取决于参考电压的稳定性和噪声属性。希望的电压有偏差会导致 ADC 增益误差，与希望电压和实际电压的比例成正比。参考电压的噪声必须低于 ADC 的量化噪声，以确保达到规定的 SNR。

7. ADC 转换时间

ADC 只能运行在 32MHz XOSC 上，用户不能整除系统时钟。实际 ADC 采样的 4MHz 的频率由固定的内部划分器产生。执行一个转换所需的时间取决于所选的抽取率。总的来说，转换时间由以下公式给定：

$$T_{conv} = (抽取率 + 16) \times 0.25$$

8. ADC 中断

当通过写 ADCCON3 触发的一个单个转换完成时，ADC 将产生一个中断。当完成一个序列转换时，不产生一个中断。

9. ADC DMA 触发

每完成一个序列转换，ADC 将产生一个 DMA 触发。当完成一个单个转换，不产生 DMA 触发。对于 ADCCON2. SCH 中头 8 位可能的设置所定义的 8 个通道，每一个都有一个 DMA 触发。当通道中一个新的样本准备转换，DMA 触发是活动的。

三、相关寄存器

ADC 转换相关寄存器如表 7-1～表 7-4 所示。

① ADCL（0xBA)-ADC 数据低位。

表 7-1 ADCL 寄存器

位	名称	复位	R/W	描述
7:2	ADC[5:0]	000000	R	ADC 转换结果的低位部分
1:0	—	00	R0	没有使用。读出来一直是 0

② ADCH（0xBB)-ADC 数据高位。

表 7-2 ADCH 寄存器

位	名称	复位	R/W	描述
7:0	ADC[13:6]	0x00	R	ADC 转换结果的高位部分

③ ADCCON2（0xB5)-ADC 控制 2。

表 7-3 ADCCON2 寄存器

位	名称	复位	R/W	描述
7	EOC	0	R/H0	转换结束。当 ADCH 被读取的时候清除。如果已读取前一数据之前，完成一个新的转换,EOC 位仍然为高。 0:转换没有完成。 1:转换完成
6	ST	0	R/W1	开始转换。读为 1,直到转换完成 0:没有转换正在进行。 1:如果 ADCCON1. STSEL = 11 并且没有序列正在运行就启动一个转换序列
5:4	STSEL[1:0]	11	R/W1	启动选择。选择该事件,将启动一个新的转换序列。 00:P2.0 引脚的外部触发。 01:全速。不等待触发器。 10:定时器 1 通道 0 比较事件。 11:ADCCON1. ST=1
3:2	RCTRL[1:0]	00	R/W	控制 16 位随机数发生器(第 13 章)。当写 01 时,当操作完成时设置将自动返回到 00。 00:正常运行。（13X 型展开）。 01:LFSR 的时钟一次(没有展开)。 10:保留。 11:停止。关闭随机数发生器
1:0	-	11	R/W	保留。一直设为 11

续表

位	名称	复位	R/W	描述
7:6	EREF[1:0]	00	R/W	选择用于额外转换的参考电压。 00:内部参考电压。 01:AIN7 引脚上的外部参考电压。 10:AVDD5 引脚。 11:在 AIN6-AIN7 差分输入的外部参考电压
5:4	EDIV[1:0]	00	R/W	设置用于额外转换的抽取率。抽取率也决定了完成转换需要的时间和分辨率。 00:64 抽取率(7 位 ENOB)。 01:128 抽取率(9 位 ENOB)。 10:256 抽取率(10 位 ENOB)。 11:512 抽取率(12 位 ENOB)
3:0	ECH[3:0]	0000	R/W	单个通道选择。选择写 ADCCON3 触发的单个转换所在的通道号码。当单个转换完成,该位自动清除。 0000:AIN0。 0001:AIN1。 0010:AIN2。 0011:AIN3。 0100:AIN4。 0101:AIN5。 0110:AIN6。 0111:AIN7。 1000:AIN0-AIN1。 1001:AIN2-AIN3。 1010:AIN4-AIN5。 1011:AIN6-AIN7。 1100:GND。 1101:正电压参考。 1110:温度传感器。 1111:VDD/3

④ ADCCON3（0xB6）-ADC 控制 3。

表 7-4 ADCCON3 寄存器

位	名称	复位	R/W	描述
7:1	—	0000 000	R0	保留。写作 0
0	ACTM	0	R/W	设置为 1 来连接温度传感器到 SOC_ADC,也可参见 ATEST 寄存器描述来使能

⑤ TR0（0x624B）-测试寄存器 0。

四、电压测量电路原理

电压测量电路原理图如图 7-2（a）所示，光敏电阻与电位器 RP1 串联，光敏电阻两端的电阻值随光线强弱而发生变化。当光线弱或无光线时，RV 阻值可达到几十千欧至几十兆欧；当光线强时，RV 阻值可达到几十欧至几百欧。光敏电阻实物图如图 7-2（b）所示。

从图 7-2 中可知，光线由弱到强，光敏电阻上的电压由高到低变化。

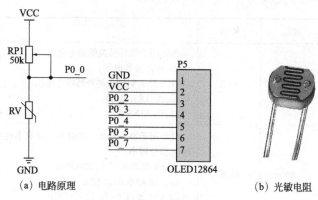

(a) 电路原理　　　　　　　　　　　(b) 光敏电阻

图 7-2　电压测量电路原理图

五、电压测量例程

//程序名称:电压测量.c

//程序功能:测量光敏电阻电压数字码值,并通过 OLED 显示出来。

/* 说明:"oled.h""bmp.h"头文件,OLED_Init()、OLED_Clear()、OLED_ShowChar()等函数参照项目六中定义。* /

```c
# include "ioCC2530.h"
# include < string.h>
# include "oled.h"
# include "bmp.h"
# define uint16 unsigned short
# define uint32 unsigned long
# define uint unsigned int

unsigned int flag,counter= 0; //统计溢出次数
unsigned char s[8];//定义一个数组大小为 8

void adc_Init(void)
{
    APCFG  |= 1;        //模拟外设配置,P0.0 为模拟信号输入 A0
    P0SEL  |=  0x01;
    P0DIR  &=  ~0x01;
}
/* ************************************************************
* 名称        get_adc
* 功能        读取 ADC 通道 0 电压值
* 入口参数    无
* 出口参数    16 位电压值,分辨率为 10mV
**************获取 ADC 通道 0 电压值 ************************/
uint16 get_adc(void)
{
    uint32 value;
    ADCIF = 0;   //清 ADC 中断标志
    //采用基准电压 avdd5:3.3V,通道 0,启动 AD 转化
```

```
        ADCCON3 = (0x80 | 0x10 | 0x00);
        while(! ADCIF)
        {
            ;    //等待 AD 转化结束
        }
        value = ADCH;
        value = value< < 8;
        value |= ADCL;
        // AD 值转化成电压值
        // 0 表示 0V,32768 表示 3.3V
        // 电压值 = (value×3.3)/32768 (V)
        //value = (value×330);
        //value = value > > 15;     // 除以 32768
        // 返回分辨率为 0.01V 的电压值
        return(uint16)value;
}
*******************************************************/
void main(void)
{
        u32 jishu= 0;
        u8 shu1,shu10,shu100,shu1000,shu10000;
        OLED_Init();//初始化 OLED
        OLED_Clear();
    adc_Init(); // ADC 初始化
        while(1)
        {
            delay_ms(2000);
            counter= 0;        //清标志位
            jishu= get_adc();
            shu10000= jishu/10000+ 0x30;
            shu1000= jishu% 10000/1000+ 0x30;
            shu100= jishu% 1000/100+ 0x30;
            shu10= jishu% 100/10+ 0x30;
            shu1= jishu% 10+ 0x30;
            OLED_ShowChar(20,4,shu1000);//显示电压测量值万位
            OLED_ShowChar(36,4,shu1000);//显示电压测量值千位
            OLED_ShowChar(52,4,shu100);//显示电压测量值百位
            OLED_ShowChar(68,4,shu10);//显示电压测量值十位
            OLED_ShowChar(84,4,shu1);//显示电压测量值个位
        }
}
```

【任务拓展】

测量 $1/3V_{DD}$ 电压值,完成程序设计、下载及调试。

【任务评估】

1. 掌握 CC2530 单片机的 ADC 工作和应用原理。
2. 掌握并理解电压值的测量及算法。

⅃ 任务二　光控开关

【任务描述】

　　设计一个智能灯控系统，根据光线的强弱自动开、关电灯。实验电气接线如图 7-3 所示，CC2530 单片机通过光敏电阻采集光线的变化，然后通过磁保持继电器控制台灯的交流 220V 供电电源。当外界光线强时自动关闭台灯，外界光线转弱时自动打开台灯。

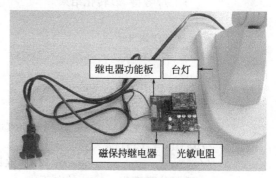

图 7-3　光控开关接线图

【计划与实施】

　　1. 任务分析

　　见光控开关程序，分析 Nref 的定义值是否合理？

　　首先，不带电测量电位器 RP1 的 1 脚和 3 脚的阻值，将阻值调至最大 $50k\Omega$，见图 7-6。

　　（1）有光时，测量光敏电阻两端的电压值 $U_1=$ ＿＿＿ V，则 U_1 对应的码值经计算为 $N_1=$

　　（2）无光时，测量光敏电阻两端的电压值 $U_2=$ ＿＿＿ V，则 U_2 对应的码值经计算为 $N_2=$

　　（3）$Nref=(N_1+N_2)/2=$

　　2. 更改 Nref 的定义值后完成光控开关的程序编写、编译、下载及功能调试。

　　3. 实验

　　实验结果：上电，台灯＿＿＿（填亮/不亮）；将光敏电阻遮蔽后，台灯＿＿＿（填亮/不亮）。

【任务资讯】

一、继电器的相关知识

　　单片机是一个弱电器件，一般情况下，它们的工作电压在 5V 甚至更低，驱动电流在毫安级以下。而要把它用于一些大功率、高电压的场合，比如控制电动机、交流 220V 电源，显然是不行的。所以，就要有一个中间环节来衔接，这个环节就是所谓的"功率驱动"。另外，像电动机等大功率设备，工作时会产生强大的电磁干扰，这些电磁干扰一旦窜入单片机系统，不但会影响控制效果，还可能把单片机系统烧毁。因而功率驱动时，还要注意抗干扰和隔离的问题。

1. 小型直流电磁继电器基本常识

　　继电器驱动是一个典型的、简单的功率驱动例子。继电器的种类很多，能和单片机配合使用的主要是小型直流继电器，分为两种：一种是电磁继电器；另一种是固态继电器。这里只介绍电磁继电器。

　　电磁继电器（Relay）是一种电子控制器件，它实际上是用较小的电流去控制较大电流的一种"自动开关"。电磁继电器一般由铁芯、线圈、衔铁、触点簧片等组成的。继电器线圈在电路中用一个长方框符号表示。同时在长方框内或长方框旁标上继电器的文字符号

"J"。继电器的触点有两种表示方法：一种是把它们直接画在长方框一侧，这种表示法较为直观。另一种是按照电路连接的需要，把各个触点分别画到各自的控制电路中，通常在同一继电器的触点与线圈旁分别标注上相同的文字符号，并将触点组编上号码，以示区别。

工作时，只要在线圈两端加上一定的电压，线圈中就会流过一定的电流，从而产生电磁效应，衔铁就会在电磁力吸引的作用下克服返回弹簧的拉力吸向铁芯，从而带动衔铁的动触点与静触点（常开触点）吸合。当线圈断电后，电磁的吸力也随之消失，衔铁就会在弹簧的反作用力返回原来的位置，使动触点与原来的静触点（常闭触点）释放。这样吸合、释放，从而达到了在电路中的导通、切断的目的。可见继电器一般有两个电路：一个是控制电路，控制电路一般是低压的；另一个是工作电路，工作电路可能是低压，也可能是高压。

它的常用电气参数有以下几个。

① 线圈额定工作电压。是指继电器正常工作时线圈所需的电压，也就是控制电路的控制电压。常见的是 5V、6V、12V、9V 等几种。

② 触点切换电压和电流。是指继电器触点允许加载的电压和电流。它决定了继电器能控制的电压和电流大小，使用时不能超过此值，否则很容易损坏继电器的触点。

以上两个参数一般印制在继电器的表面，如图 7-4 所示。

图 7-4 HFE60/5-1HD 继电器

图 7-4 中：HFE60/5-1HD 是继电器的型号，不同厂家之间有不同的表示方法。其中的 5VDC 是指继电器线圈的工作电压为直流 5V。

5A 250VAC：说明该继电器的触点可以用在交流 250V 时，可开关 5A 的负载。

5A 30VDC：说明该继电器的触点可以用在直流 30V 时，可开关 5A 的负载。

注：HFE60/5-1HD 型号磁保持继电器为双线圈控制，即分、合分别各有 1 个线圈控制；触点状态的保持为磁保持，意味着继电器状态的保持不依赖于电信号，例如，通过控制分闸线圈使触点断开，此时断电后，继电器触点将保持分开状态，直到通过控制合闸线圈闭合触点。

2. 三极管驱动和继电器驱动电路

三极管继电器驱动电路如图 7-5 所示。继电器的触点处于交流 220V 的电路中，当触点闭合时，电动机接通电源工作；当触点断开时，电动机无电停机。继电器的线圈接在直流 5V 电路中，当单片机引脚是高电平时，VT 三极管导通，继电器线圈得电，常开触点吸合，电机工作。当单片机引脚是低电平时，VT 三极管截止，继电器线圈失电，常开触点断开，电机停止。

图 7-5 中二极管的作用是，当继电器线圈失电的时候，给线圈中的电流一个闭合通路，使电流能够平稳下降。如果没有二极管，线圈中的电流可能发生突变，感应出高电压，损坏单片机。

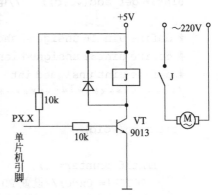

图 7-5 三极管继电器驱动电路

二、光控开关电路原理

如图 7-6 所示，K1 为双线圈磁保持继电器，单片机 P0.7 口控制合闸，单片机 P0.6 口控制分闸。光敏信号通过 P0.0 口输入单片机的 ADC 模块进行测量。

分闸信号和合闸信号均为脉冲电压信号。

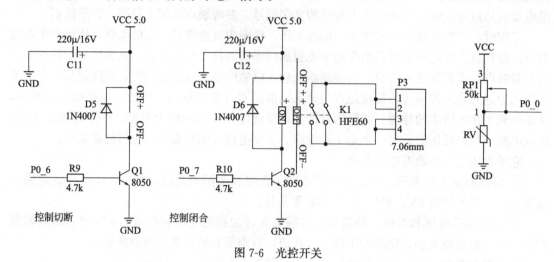

图 7-6　光控开关

三、光控开关程序

```
//程序名称:光控开关.c
//程序功能:测量光敏电阻电压,控制台灯亮灭。
//说明:"get_adc","adc_Init"," delay_ms"函数的定义参照项目七任务一。
# include "ioCC2530.h"
# define FEN P0_6        //定义分断控制 I/O 口
# define HE P0_7         //定义闭合控制 I/O 口
# define Nref  10000     //控制分合的门槛电压采样值
void adc_Init(void);     //adc 初始化函数声明
voiddelay_ms(void);      //延时函数声明

uint16 get_adc(void);    //电压信号采样函数声明

# define uint16 unsigned short
# define uint32 unsigned long
# define uint unsigned int
/ ****************************************************/

void main(void)
{
    uint16 counter= 0;
      P0DIR|= 0xc0;//设置 P0.6,P0.7I/O 口的方向为输出
        adc_Init(); // ADC 初始化
      while(1)
      {
          delay_ms(200);
          counter =  get_adc();//采集光敏电阻电压信号
          if(counter> Nref)
```

```
    {
        HE= 1;        //光线弱,触点闭合,点亮台灯
        delay_ms(20);
        HE= 0;              //闭合脉冲信号:∧
        delay_ms(20);
        }
    else
    {
        FEN= 1;                 //光线强,触点断开,关闭台灯
        delay_ms(20);
        FEN= 0;             //分断脉冲信号:∧
        delay_ms(20);
    }
    }
}
```

【任务评估】

1. 理解电压值的算法原理。

2. 理解光控开关的控制原理及相关参数的设计。

小制作5 磁保持继电器功能板

【任务描述】

完成磁保持继电器功能板的焊接及调试,实物见图 Z5-1。

【计划与实施】

1. 仪器、工具及辅料 (焊锡) 准备及查验。

仪器:数字万用表、数字示波器、恒温焊台、直流稳压电源。

工具:斜口钳、尖嘴钳、镊子。

2. 各组根据附录 C 图 C-5 磁保持继电器功能板原理图填写材料清单,并依据材料清单领取原材料。

3. 完成磁保持继电器功能板焊接。

4. 完成磁保持继电器功能板调试。

(1) 观察。观察电路板有无连焊、虚焊、漏焊和错件,安装方向是否正确?

观察结果:

图 Z5-1 磁保持继电器功能板

(2) 不带电测量电源是否短路?

测试方法:将数字万用表旋至通断挡,分别测试 C2、C3 两端的阻值。

测试结果:

如果短路,问题是:

（3）测量发光二极管方向是否正确，好坏？

测试方法：将数字万用表旋至通断挡，分别测试 LED 两端。用红表笔接至 LED 无白色丝印一端，黑表笔接至另一端，正常 LED 应亮。

测试结果：

如果有不亮的 LED，原因是：

（4）带电测量电源电压？

测试方法：加 USB 供电电源。

测试结果：

① 电源指示发光二极管 D15 是否亮：

如果不亮，是什么问题？

② 测量电源 VDD 电压：　　V　（正常电压 5V 左右）

如果电压不正常，是什么问题？

③ 测量电源 VCC 电压：　　V　（正常电压 3.3V 左右）

如果电压不正常，是什么问题？

（5）仿真下载测试。

将调试好的 CC2531 核心板插接到磁保持继电器功能板上，然后通过 SmartRF04EB 仿真器与电脑连接，用 IAR 在线仿真系统进行程序下载测试。

测试结果：

如果无法下载，原因是：

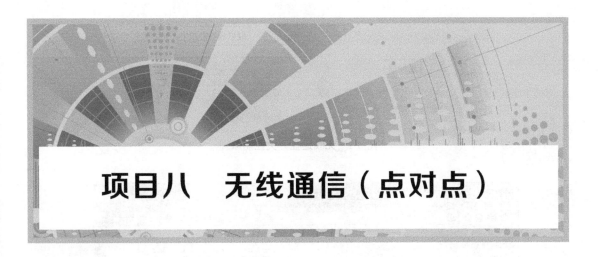

项目八 无线通信（点对点）

【项目概述】

本项目学习的主要内容是 CC2530 无线点模块的工作原理和使用方法，学习点对点通信的程序流程，熟悉各函数、变量和数组的功能。

【项目目标】

知识目标

1. 掌握 CC2530 的无线电模块工作原理和应用方法。

2. 掌握 CC2530 的点对点程序开发包的结构和各函数功能。

3. 掌握 CC2530 的无线遥控开关的电气接线原理。

4. 掌握无线通信数据结构。

技能目标

1. 能够根据查找函数和变量定义。

2. 能够完成无线遥控开关的电气接线。

3. 能够画出无线发送和接收函数的流程图。

素质目标

1. 具备开阔、灵活的思维能力。

2. 具备积极、主动的探索精神。

3. 具备严谨、细致的工作态度。

任务 无线遥控开关

【任务描述】

通过无线通信的方式控制开关台灯的亮灭。如图 8-1 所示，遥控器通过无线信号向继电器模块传输控制信号，再由继电器模块控制台灯亮灭。按键"1"，台灯亮，按键"2"，台灯灭。通过本任务的学习，了解无线通信的基本原理和程序结构。

【计划与实施】

1. 练习 1：在开发包中查找函数和变量。

例：查找 "per _ test. c" 中 "PAN _ ID" 的定义。

方法一：在 "PAN_ID" 右键，然后选择 Go to Definition of "PAN_ID"，如图 8-2 所示。

图 8-1 无线遥控开关控制原理

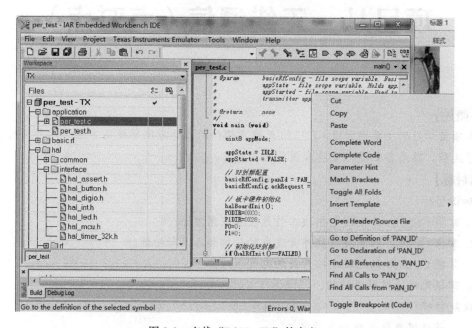

图 8-2 查找"PAN_ID"的定义

单击后进入"PAN_ID"定义文件"per_test.h"头文件中，可以看到"PAN_ID"为 0x2007，如图 8-3 所示。

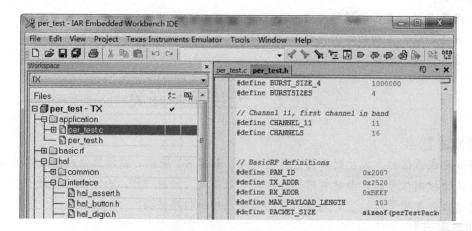

图 8-3 "PAN_ID"定义文件"per_test.h"头文件

方法二：单击"Edit"→"Find and Replace"→"Find in Files"，如图 8-4 所示。

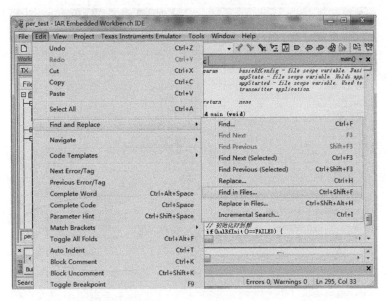

图 8-4　查找

进入对话框，如图 8-5 所示。在输入栏中输入"PAN_ID"，然后单击"Find"键。注意：Look in 选项，图示选项定义了查找范围是项目文件及其包含文件。

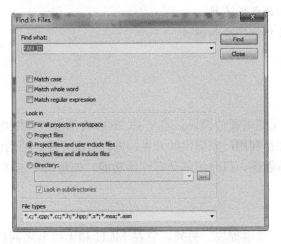

图 8-5　查找文件对话框

单击后进入下一界面，显示查找结果，如图 8-6 所示，图中显示出所有的"PAN_ID"出现的位置。

练习 2：查找"halBoardInit"函数的定义并分析。

2. 画出无线发送和接收函数的流程图。

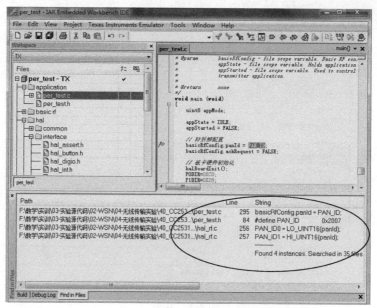

图 8-6　查找结果

3. 两组配对练习。

一组发送，一组接收，根据例程完成程序编写、调试和下载。

完成继电器功能板的电气连接。

完成无线遥控开关功能实验和调试。

【任务资讯】

一、无线电介绍

CC2530 内部集成无线电通信模块。鉴于 CC2530 内部集成无线电通信模块功能结构较复杂，在实际应用中往往利用厂家提供的开发包进行二次开发，使用较简单，所以本书对无线电模块功能进行简单叙述，只介绍部分寄存器功能，如想进一步了解，可以参阅 CC2530 数据手册。

1. RF 内核

RF 内核控制模拟无线电模块。另外，它在 MCU 和无线电之间提供一个接口，这可以发出命令、读取状态和自动对无线电事件排序。

FSM 子模块控制 RF 收发器的状态、发送和接收 FIFO，以及大部分动态受控的模拟信号，比如模拟模块的上电/掉电。FSM 用于为事件提供正确的顺序（比如在使能接收器之前执行一个 FS 校准）。而且，它为来自解调器的输入帧提供分布的处理：读帧长度，计算收到的字节数，检查 FCS，最后成功接收帧后，可选的处理自动传输 ACK 帧。它在 TX 执行类似的任务，包括在传输前执行一个可选的 CCA，并在接收一个 ACK 帧的传输结束后自动回到 RX。最后，FSM 控制在调制器/解调器和 RAM 的 TXFIFO/RXFIFO 之间传输数据。

调制器把原始数据转换为 I/Q 信号发送到发送器 DAC。这一行为遵守 IEEE 802.15.4 标准。解调器负责从收到的信号中检索无线数据。

解调器的振幅信息由自动增益控制（AGC）使用。AGC 调整模拟 LAN 的增益，这样接收器内的信号水平大约是个常量。

帧过滤和源匹配通过执行所有操作支持 RF 内核中的 FSM，为了执行帧过滤和源地址匹配，见 IEEE 802.15.4 所定义。

频率合成器（FS）为 RF 信号产生载波。

命令选通处理器（CSP）处理 CPU 发出的所有命令。它还有一个 24 字节的很短的程序存储器，使得它可以自动执行 CSMA-CA 机制。

无线电 RAM 为发送数据有一个 FIFO（TXFIFO），为接收数据有一个 FIFO（RXFIFO）。这两个 FIFO 都是 128 字节长。另外，RAM 为帧过滤和源匹配存储参数，为此保留 128 字节。

定时器 2（MAC 定时器）用于为无线电事件计时，以捕获输入数据包的时间戳。这一定时器甚至在睡眠模式下也保持计数。

知识小问答

问：什么是 IEEE 802.15.4 标准？

答：IEEE 802.15.4 描述了低速率无线个人局域网的物理层和媒体接入控制协议。它属于 IEEE 802.15 工作组。IEEE 802.15 工作组成立于 2002 年，这个工作组致力于 WPAN 网络的物理层（PHY）和媒体访问层（MAC）的标准化工作，目标是为在个人操作空间（Personal Operating Space，POS）内相互通信的无线通信设备提供通信标准。POS 一般是指用户附近 10m 左右的空间范围，在这个范围内用户可以是固定的，也可以是移动的。

IEEE 802.15.4 是 ZigBee，WirelessHART，MiWi，Thread 规范的基础，是指在一个 POS 内使用相同无线信道并通过 IEEE 802.15.4 标准相互通信的一组设备的集合，又名 LR-WPAN 网络。LR-WPAN 网络的特征与传感器网络有很多相似之处，很多研究机构把它作为传感器的通信标准。

2. 中断

无线电与 CPU 的两个中断向量有关。它们是 RFERR 中断（中断 0）和 RF 中断（中断 12），分别具有以下功能。

- RFERR：无线电的错误情况，使用这一中断表示。
- RF：使用这一中断表示来自普通操作的中断。

RF 中断向量结合了 RFIF 的中断。注意这些 RF 中断是上升沿触发的。因此中断在比如 SFD 状态标志从 0 变为 1 时产生。

3. FIFO 访问

可以通过 SFR 寄存器 RFD（0xD9）访问 TXFIFO 和 RXFIFO。当写入 RFD 寄存器时，数据被写入 TXFIFO。当读取 RFD 寄存器时，数据从 RXFIFO 中读出。

（1）RX FIFO　RX FIFO 存储器区域位于地址 0x6000 到 0x607F，所以是 128 字节。尽管这一存储器区域用于 RX FIFO，但是它不以任何方式保护，因此它在 XREG 存储区域中仍然是可以访问的。一般来说，只有指定的指令能用于操作 RX FIFO 的内容。RX FIFO 一次可以包括多个帧。

（2）TX FIFO　TX FIFO 存储器区域位于地址 0x6080 到 0x60FF，所以是 128 字节。尽管这一存储器区域用于 TX FIFO，但是它不以任何方式保护，因此它在 XREG 存储区域中仍然是可以访问的。一般来说，只有指定的指令能用于操作 TX FIFO 的内容。TX FIFO 一次只能包括一个帧。

4. 帧过滤和源匹配存储器映射

帧过滤和源地址匹配功能使用 RF 内核 RAM 的一个 128 字节块来存储本地地址信息，和源地址匹配配置和结果；这位于区域 0x6100 到 0x617F。没有填充整个字节/字的值位于字节/字的最低位部分。注意这些寄存器中的值复位之后是未知的。但是，这些值在供电模式期间保留。

5. 频率和通道编程

频率载波可以通过编程位于 FREQCTRL. FREQ [6：0] 的 7 位频率字设置，见表 8-1。支持载波频率范围是 2394～2507MHz。以 MHz 为单位的操作频率 f_c 由下式表示：$f_c = 2394 + $ FREQCTRL. FREQ [6：0]）MHz，以 1MHz 为步长，是可编程的，见表 8-1 FREQCTRL 寄存器说明。

IEEE 802.15.4—2006 指定 16 个通道，它们位于 2.4GHz 频段之内。步长为 5MHz，编号为 11～26。通道 k 的 RF 频率：

$$f_c = 2405 + 5(k-11)[\text{MHz}], \ k \in [11, \ 26] \tag{8-1}$$

对于操作在通道 k，FREQCTRL. FREQ 寄存器因此设置为 FREQCTRL. FREQ=11+5(k−11)。

表 8-1　FREQCTRL（0x618F）-控制 RF 频率

位号码	名称	复位	R/W	描述
7	—	0	R0	读作 0
6：0	FREQ[6：0]	0x0B (2405 MHz)	R/W	频率控制字。 ¦ RF= ¦ LO=（2394+FREQ[6：0]）MHz FREQ[6：0]中的频率字是 2394 的一个偏移值。设备支持的频率范围从 2394～2507MHz。FREQ[6：0]可用的设置从 0～113。这一范围之外的设置(114-127)给出的频率是 2507MHz。 IEEE 802.15.4—2006 指定的频率范围从 2405～2480MHz，16 通道，5MHz 步长。通道编号从 11～26。因此对于符合 IEEE 802.15.4—2006 的系统，唯一有效设置是 FREQ[6：0]=11+5(通道号码-11)

6. IEEE 802.15.4—2006 调制格式

IEEE 802.15.4—2006 调制格式为 IEEE802.15.4 定义的 2.4GHz 直接序列扩频频谱（DSSS）的 RF 调制格式。

调制和扩频功能如图 8-7 所示的方块图所示。每个字节分为两个符号，每个符号 4 位。低位符号首先传输。对于多字节域，低字节首先传输，除了与安全相关的域是高字节首先传输。

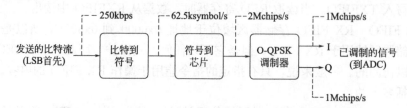

图 8-7　IEEE 802.15.4—2006 调制和扩频功能

7. IEEE 802.15.4—2006 帧格式

图 8-8 展示了 IEEE 802.15.4—2006 帧格式的示意图，类似的描述具体帧格式（数据帧、信标帧、确认帧和 MAC 命令帧）的图在标准的文件中。

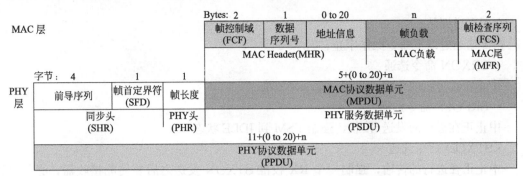

图 8-8　IEEE 802.15.4—2006 帧格式的示意图

（1）PHY 层

① 同步头。同步头（SHR）包括帧引导序列，接下来是帧开始界定符（SFD）。在 IEEE 802.15.4 规范 [1] 中，帧引导序列定义为四个字节的 0x00。SFD 是一个字节，设置为 0xA7。

② PHY 层。PHY 头只包括帧长度域。帧长度域定义了 MPDU 中的字节数。注意长度域的值不包括长度域本身。但是它包括帧检查序列（FCS），即使这是由硬件自动插入的。

帧长度域是 7 位长，最大值是 127。长度域的最高位保留，总是设置为 0。

③ PHY 服务数据单元。PHY 服务数据单元包括 MAC 协议数据单元（MPDU）。产生/解释 MPDU 是 MAC 层的责任，无线电有内置的支持可以处理一些 MPDU 子域。

（2）MAC 层　长度域后面的 FCF、数据序列号码和地址信息如图 8-8 所示。连同 MAC 数据负载和帧校验序列，形成了 MPDU。FCF 的格式见表 8-2。

表 8-2　FCF 的格式

位：0-2	3	4	5	6	7-9	10-11	12-13	14-15
帧类型	使能安全	帧待定	确认请求	PAN 内部	保留	目的地址模式	保留	源地址模式

如图 8-8 所示，最后一个 MAC 负载字节后面是一个 2 字节的帧校验序列（FCF）。FCF 是通过 MPDU 计算出来的，即长度域不是 FCS 的一部分。

FCS 的表达式是：

$$G(s) = x16 + x12 + x5 + 1 \tag{8-2}$$

无线电支持自动计算/验证 FCS。

8. 发送模式

控制发送器、组装帧的处理以及如何使用 TX FIFO。

（1）TX 控制　无线电有许多内置的功能，用于帧处理和报告状态。注意无线电提供的功能使得很容易地精确控制输出帧的时序。这在 IEEE 802.15.4/ZigBee® 系统中是非常重要的，因为这类系统有严格的时序要求。

帧传输通过以下操作开始：

• STXON 命令选通

-没有更新 SAMPLED_CCA 信号。

• STXONCCA 命令选通，只要 CCA 信号为高。

-中止正在进行的发送/接收，强制一个 TX 校准，然后再传输。

-更新了 SAMPLED_CCA 信号。

空闲通道评估。

帧传输通过以下命令操作中止：

- SRXON 命令选通

-中止正在进行的传输，强制一个 RX 校准。

- SRFOFF 命令选通

-中止正在进行的发送/接收，强制 FSM 到 IDLE 状态。

- STXON 命令选通

-中止正在进行的传输，强制一个 RX 校准 STXON 发送之后要使能接收器，必须设置 FRMCTRL1. SET _ RXENMASK _ ON _ TX 位。当执行 STXON 这设置 RXENABLE 的位 6。当 STXONCCA 发送，接收器在传输之前开启，然后返回（除非寄存器已经在此期间被清除）。

（2）TX 状态时序   STXON 或 STXONCCA 命令选通 $192\mu s$ 之后开始传输帧引导序列。这在 [1] 中被叫作 TX 轮转时序。返回到接收模式也有同样的延迟。

当返回到空闲或接收模式，当调制器把信号送往 DAC 时有 $2\mu s$ 的延迟。这一输送在已经发送一个完整的 MPDU（由长度字节定义）或如果发生 TX 溢出之后自动发生。这会影响 SFD 信号，延长了 $2\mu s$。无线电 FSM 转换到 IDLE 状态，延迟了 $2\mu s$。

（3）TX FIFO 访问   TX FIFO 可以保存 128 字节，一次只能有一个帧。帧可以在执行 TX 命令选通之前或之后缓冲，只要不产生 TX 下溢。有两种方式写 TX FIFO。

- 写到 RFD 寄存器。

- 帧缓冲总是开始于 TX FIFO 存储器的起始地址。通过使能 RMCTRL1. IGNORE _ TX _ UNDERF 位，可以直接写到无线电存储器的 RAM 区域，它保存 TX FIFO。注意建议使用 RFD 写数据到 TXFIFO。

TX FIFO 中的字节数存储在 TXFIFOCNT 寄存器中。

TX FIFO 可以使用 SFLUSHTX 命令选通手动清空。如果 FIFO 在传输期间被清空就发生 TX 下溢。

（4）帧处理   无线电为 TX 帧执行以下帧产生任务，如图 8-9 所示。

图 8-9   发送帧格式

① 产生并自动传输 PNY 层同步头，它包括帧引导序列和 SFD。

② 传输帧长度域指定的字节数。

③ 计算并自动传输 FCS（可以禁用）。

（5）同步头   发送的同步头见图 8-10。

无线电有可编程的帧引导序列长度。默认值遵守，改变该值会使系统不兼容 IEEE 802.15.4。帧引导序列长度由 MDMCTRL0. PREAMBLE _ LENGTH 设置。图 8-10 显示了同步头是如何和 IEEE 802.15.4 规范相联系的。

当已经发送了所需的帧引导序列字节数，无线电自动发送 1 字节长的 SFD。SFD 是固定的，软件不能改变这个值。

（6）帧长度域   当发送了 SFD，调制器开始从 TX FIFO 读数据。它期望找到帧长度域，然后是 MAC 头和 MAC 负载。帧长度域用于确定要发送多少个字节。

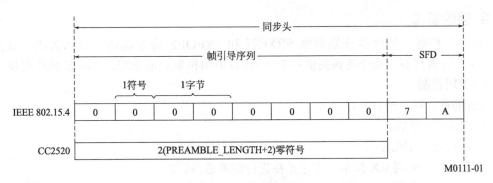

图 8-10 发送的同步头

注意：当 AUTOCRC=1 时，最小帧长度是 3；当 AUTOCRC=0 时，最小帧长度是 1。

（7）帧校验序列 当设置了 FRMCTRL0. AUTOCRC 控制位，FCS 域自动产生并填充到发送帧的长度域定义的位置。FCS 不写到 TXFIFO 中，但是存储在一个单独的 16 位寄存器中。建议总是使能 AUTOCRC，除了可能用于调试目的。

如果 FRMCTRL0. AUTOCRC = 0，那么调制器期望在 TX FIFO 中找到 FCS，所以软件必须产生 FCS，连同 MPDU 的其余部分写到 TX FIFO。

FCS 硬件实现计算如图 8-11 所示。

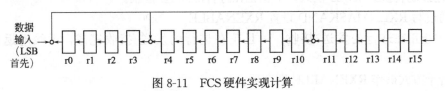

图 8-11 FCS 硬件实现计算

（8）中断 当帧的 SFD 域已被发送就产生 SFD 中断。帧结束后，当成功发送一个完整的帧，产生 TX_FRM_DONE 中断。

（9）空闲通道评估 空闲通道评估（CCA）状态信号表示通道是否可用于传输。CCA 功能用于实现 IEEE 802.15.4 规范指定的 CSMA-CA 功能。为最后 8 个符号周期当接收器使能，CCA 信号有效。RSSI_VALID 状态信号可以用于验证这一点。

CCA 基于 RSSI 值和一个可编程的阈值。精确的行为可在 CCACTRL0 和 CCACTRL1 中配置。

CCA 信号有两个版本：一个在每个新的 RSSI 样本更新一次；另一个只在 SSAMPLECCA/ISAMPLECCA 和 STXONCCA/ISTXONCCA 命令选通更新。它们在 FSMSTAT1 寄存器中都是可用的。

注意：CCA 信号在设置 RSSI_VALID 信号之后更新四个时钟周期（系统时钟）。

（10）输出功率编程 RF 输出功率由 TXPOWER 寄存器（见表 8-3）的 7 位值控制。输出功率的大小决定了无线传输距离。

表 8-3 TXPOWER（0x6190）-控制输出功率

位号码	名称	复位	R/W	描述
7:0	PA_POWER [7:0]	0xF5	R/W	PA 功率控制。 注意：转到 TX 之前，必须更新。该推荐值请参考 CC2530 数据手册

9. 接收模式

（1）RX 控制　接收器分别根据 SRXON 和 SRFOFF 命令选通开启和关闭，或使用 RXENABLE 寄存器。命令选通提供一个硬开启/关闭机制，而 RXENABLE 操作提供一个软开启/关闭机制。

接收器通过以下操作开启：

• SRXON 选通：

-设置 RXENABLE [7]。

-通过强制转换到 RX 校准，中止正在进行的发送/接收。

• STXON 选通，当 FRMCTRL1. SET _ RXENMASK _ ON _ TX 使能：

-设置 RXENABLE [6]。

-发送完毕后接收器使能。

• 通过写 RXENMASKOR 设置 RXENABLE ! ＝ 0x00：

-不中止正在进行的发送/接收。

接收器通过以下操作关闭：

• SRFOFF 选通：

-清除 RXENABLE [7：0]。

-通过强制转换到 IDLE 模式，中止正在进行的发送/接收。

• 通过写 RXENMASKAND 设置 RXENABLE = 0x00

-不中止正在进行的发送/接收。一旦正在进行的发送/接收完成，无线电返回 IDLE 状态。

有若干方式操作 RXENABLE 寄存器：

• SRXMASKBITSET 和 SRXMASKBITCLR 选通（影响 RXENABLE）

• SRXON、SRFOFF 和 STXON 选通，包括 FRMCTRL1. SET _ RXMASK _ ON _ TX 设置。

（2）RX 状态时序　接收器通过上述的方式之一，在 RX 使能 192μs 之后准备好。这叫作 RX 轮转时序。

当接收帧后返回到接收模式，有一个 192μs 的默认间隔，SFD 检测禁用。这一间隔可以通过清除 FSMCTRL. RX2RX _ TIME _ OFF 禁用。

（3）帧处理　无线电集合了 IEEE 802.15.4—2003 和 IEEE 802.15.4—2006 中 RX 硬件方面要求的关键部分。这降低了 CPU 干预率，简化了处理帧接收的软件，且以最小的延迟给出结果。

接收一个帧期间，执行以下帧处理步骤，如图 8-12 所示。

图 8-12　接收模式帧处理步骤

① 检测和移除收到的 PHY 同步头（帧引导序列和 SFD），并接收帧长度域规定的字节数。

② 帧过滤。

③ 匹配源地址和包括多达 24 个短地址的表，或 12 个扩展 IEEE 地址。源地址表存储

在无线电 RAM 中。

④ 自动 FCS 检查，并把该结果和其他状态值（RSSI、LQI 和源匹配结果）填入接收到的帧中。

⑤ 具有正确时序的自动确认传输，且正确设置帧未决位，基于源地址匹配和 FCS 校验的结果。

（4）同步头和帧长度域　帧同步开始于检测一个帧开始界定符（SFD），然后是长度字节，它确定何时接收完成。SFD 信号可以在 GPIO 上输出，可以用于捕获收到帧的开始，如图 8-13 所示。

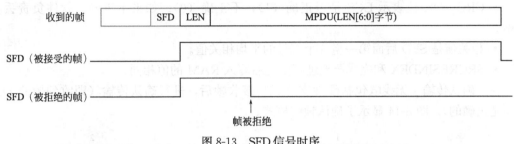

图 8-13　SFD 信号时序

帧引导序列和 SFD 不写到 RX FIFO。

无线电使用一个相关器来检测 SFD。MDMCTRL1. CORR _ THR 中的相关器阈值确定收到的 SFD 必须如何密切匹配一个理想的 SFD。阈值的调整必须注意以下。

• 如果设置得太高，无线电会错过许多实际的 SFD，大大降低接收器的灵敏度。

• 如果设置得太低，无线电会检测到许多错误的 SFD。虽然这不会降低接收器的灵敏度，但是影响是类似的，因为错误的帧可能会重叠实际帧的 SFD。它还会增加接收具有正确 FCS 的错误帧的风险。

除了 SFD 检测，在 SFD 检测之前还可以请求若干有效的真引导序列符号（也在相关器阈值之上）。

（5）帧过滤　帧过滤功能拒绝目标不明确的帧，它对以下情况提供过滤：可通过相关寄存器控制是否应用帧过滤。当禁用，无线电接受所有收到的帧。

当使能（这是默认设置），无线电只接受符合以下全部要求的帧。

• 长度域必须等于或大于最小帧长度，它从 FCF 的源和目标地址模式，以及 PAN ID 压缩子域获得。

• 保留的 FCF 位 [9：7] ANDed 以及 FRMFILT0. FCF _ RESERVED _ BITMASK 必须等于 000b。

• FCF 的帧版本子域的值不能高于 FRMFILT0. MAX _ FRAME _ VERSION。

• 源和目标地址模式不能是保留值。

• 目标地址：

-如果一个目标 PAN ID 包含在帧中，它必须匹配 LOCAL _ PANID 或广播 PAN 标识符（0xFFFF）。

-如果一个短地址包含在帧中，必须匹配 LOCAL _ SHORT _ ADDR 或广播地址（0xFFFF）。

-如果一个扩展地址包含在帧中，必须匹配 LOCAL _ EXT _ ADDR。

（6）源地址匹配　无线电支持收到的帧的源地址和存储在片上存储器中的一个表匹配。

该表长 96 字节，因此可以包含多达：

- 24 个短地址（每个 2+2 字节）。
- 12 个 IEEE 扩展地址（每个 8 字节）。

仅当帧过滤也使能且收到的帧已被接受时才执行源地址匹配。

（7）帧校验序列　在接收模式，如果 FRMCTRL0.AUTOCRC 使能，FCS 由硬件验证。

域描述：

- RSSI 值在 SFD 后面第一组 8 个符号时测量。
- CRC_OK 位表示 DCS 是否正确（1），不正确（0）。如果不正确，软件负责丢弃该帧。
- 相关值是 SFD 后面第一组 8 个符号的平均相关值。
- SRCRESINDEX 和完成源地址匹配之后写入 RAM 的值相同。

（8）确认传输　无线电包括硬件支持成功接收帧后，进行确认传输（即收到帧的 FCS 必须是正确的）。图 8-14 显示了确认帧的格式。

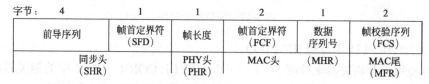

字节：	4	1	1	2	1	2
	前导序列	帧首定界符（SFD）	帧长度	帧首定界符（FCF）	数据序列号	帧校验序列（FCS）
	同步头（SHR）		PHY头（PHR）	MAC头	（MHR）	MAC尾（MFR）

图 8-14　确认帧的格式

（9）RX FIFO 访问　RX FIFO 可以保存一个或多个收到的帧，只要总字节数是 128 或更少。有两种方式确定 RX FIFO 中的字节数。

- 读 RXFIFOCNT 寄存器。
- 使用 FIFOP 和 FIFO 信号，结合 FIFOPCTRL.FIFOPTHR 设置 RX FIFO 通过 RFD 寄存器被访问。

① 接收信号强度指示器（RSSI）。

无线电有一个内置的接收信号强度指示器（RSSI），计算一个 8 位有符号的数字值，可以从寄存器读出，或自动附加到收到的帧。RSSI 值总是通过 8 个符号周期内（128μs）取平均值得到的，与 IEEE 802.15.4 相符合。

RSSI 值是一个 2 的有符号补数，对数尺度是 1-dB 的步长。

② 链路质量指示（LQI）。

如同 IEEE 802.15.4 标准中的定义，链路质量指示（LQI）计量的就是所收到的数据包的强度和/或质量。

IEEE 802.15.4 标准要求的 LQI 值限制在范围 0～255，至少需要 8 个唯一的值。无线电不直接提供一个 LQI 值，但是报告一些测量结果，微控制器可以使用它们来计算一个 LQI 值。

MAC 软件可以使用 RSSI 值来计算 LQI 值。这一方法有若干缺点，即通道带宽内的窄带干扰会增加 RSSI，因此 LQI 值即真正的链路质量实际上降低了。因此，对于每个输入的帧，无线电提供了一个平均相关值，该值基于跟随在 SFD 后面的前 8 个符号。虽然无线电不做片码判定，但是这个无符号的 7 位数值可以看作是片码错误率的测量。

二、点对点无线通信开发包说明

1. 项目文件

如图 8-15 所示，有两个项目文件，可通过下拉菜单选择。

"per_test-TX"为发送项目文件，可实现数据的无线方式发送，图 8-1 中遥控器可采用此项目。

"per_test-RX"为接收项目文件，可实现无线通信数据的接收，图 8-1 中继电器功能板可采用此项目。

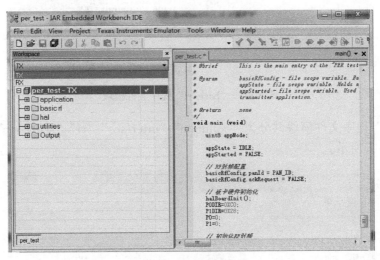

图 8-15　工程文件选择

2. 程序文件模块说明

（1）"appliciation"程序文件模块，如图 8-16 所示用户应用程序，主函数位于此程序。

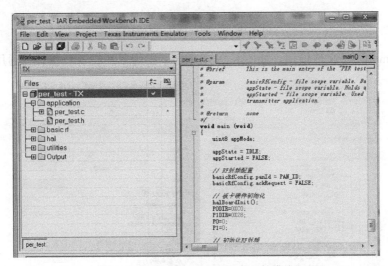

图 8-16　"appliciation"程序文件模块

（2）"basic rf"程序文件模块，如图 8-17 所示，无线发送接收的相关函数定义和基本参数设置，包括无线发送函数、接收函数，初始化 RF 数据结构等功能。

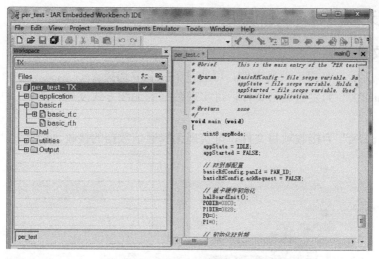

图 8-17　"basic rf"程序文件模块

（3）"hal"程序文件模块共分为"common""interface""rf""srf05-soc"四个子文件模块，如图 8-18 所示。

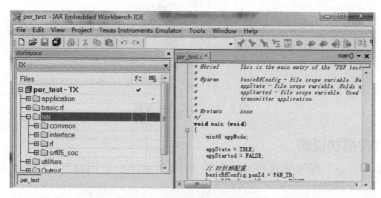

图 8-18　"hal"程序文件模块

① "common"子文件模块，如图 8-19 所示，主要为单片机 I/O 接口的通用定义。

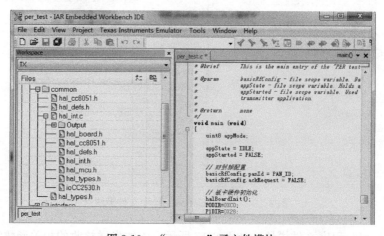

图 8-19　"common"子文件模块

②"interface"子文件模块，如图 8-20 所示，主要为单片机与外围接口电路的相关头文件定义，包括 LED、定时器、键盘中断和显示等功能。

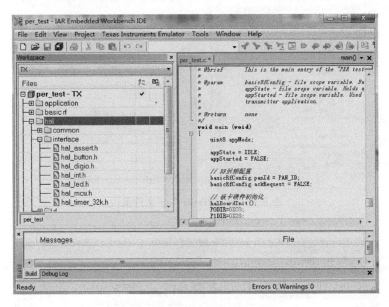

图 8-20　　"interface"子文件模块

③"rf"子文件模块，如图 8-21 所示，主要为单片机与外围接口电路的相关函数定义，包括 LED、定时器、键盘中断和显示等功能。

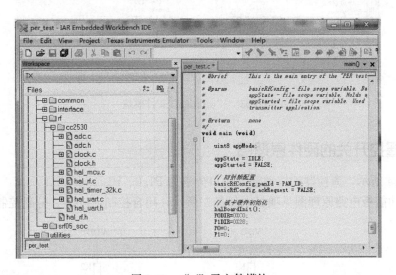

图 8-21　　"rf"子文件模块

④"srf05-soc"子文件模块，如图 8-22 所示，主要为单片机与外围接口电路的相关初始化函数定义，包括 LED、键盘和显示等功能。

（4）"utilities"程序文件模块主要定义了单片机型号，如图 8-23 所示。

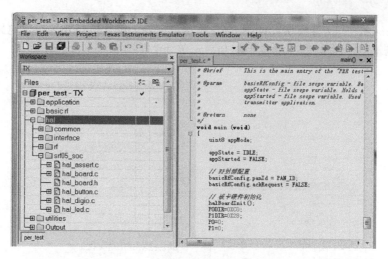

图 8-22　"srf05-soc" 子文件模块

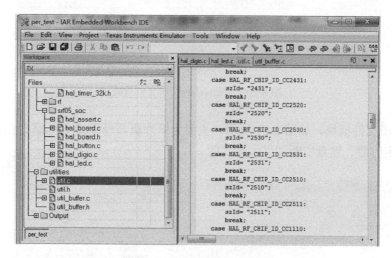

图 8-23　"utilities" 文件模块

三、无线遥控开关的硬件原理图

如图 8-24 所示，遥控器的按键输入接口分别为 P1.0、P1.1。

继电器功能板电路原理图见项目七任务二所示，闭合控制：P0.7，分断控制：P0.6。

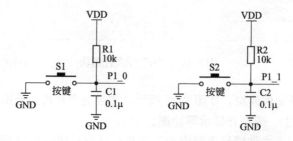

图 8-24　遥控器 I/O 接口

四、无线遥控开关的程序设计

1. 遥控器发送程序

//程序名：per _ test. c

//功能：实现点对点通信

/ **

 ****

（1）宏定义

```
# define IDLE                          0
# define TRANSMIT_PACKET               1

# define HAL_RF_TXPOWER_0_1_5_DBM      0
# define HAL_RF_TXPOWER_0_0_5_DBM      1
# define HAL_RF_TXPOWER_1_DBM          2
# define HAL_RF_TXPOWER_2_5_DBM        3
# define HAL_RF_TXPOWER_4_5_DBM        4    //定义发送功率
# define K1    P1_0        //定义闭合按键控制口为 P1.0
# define K2    P1_1        //定义分断按键控制口为 P1.1
# define fen   P0_6        //定义继电器分断控制口为 P0.6
# define he    P0_7        //定义继电器闭合控制口为 P0.7
# define led1  P1_3        //定义继电器分断指示灯为 P1.3
# define led2  P1_5        //定义继电器闭合指示灯为 P1.5
```

（2）硬件初始化函数 halBoardInit

```
void halBoardInit(void)
{
    halMcuInit();                    //设置工作主频为 32MHz
    /***************关于接收板的 I/O 定义***************/
    P1DIR |= 0x28;                   //P1_5,P1_3定义为指示灯输出
    led1 = 0;
    led2 = 0;                        //两个指示灯灭
    P0DIR |= 0xc0;                   //继电器控制口输出
    fen = 0;
    he = 0;                          //控制信号清零



}
```

（3）无线发送函数

```
static void appTransmitter()
{
    uint32 burstSize= 0;
    uint8 appTxPower;
    uint8 n;
    basicRfConfig.myAddr = TX_ADDR;      //配置自己的设备地址为 TX_ADDR
    if(basicRfInit(&basicRfConfig) = = FAILED) {
      HAL_ASSERT(FALSE);                 //射频设置初始化
```

```
     }
     halRfSetTxPower(HAL_RF_TXPOWER_2_5_DBM); //设置发送功率
     burstSize= BURST_SIZE_1;        // 设置 burst size
     basicRfReceiveOff();           //关闭射频接收功能
     txPacket.seqNumber = 0;        // 初始化 packet payload
     for(n = 0; n < 8; n++)         //发送数据缓存初始化为数组 Send_data
     {
       txPacket.padding[n] = Send_data[n];
     }


     // 主循环
     while(1)
     {
       if(K1= = 0)
         {                      //判断分断按键闭合
         while(K1= = 0);        //等待按键松开
         halMcuWaitMs(10);   //延时
         txPacket.padding[0]= 1; //更新发送数据缓存
         basicRfSendPacket(RX_ADDR,(uint8*)&txPacket, PACKET_SIZE);
                               //无线发送函数
         halMcuWaitMs(300);

         }
         if(K2= = 0)
       {                        //判断闭合按键闭合
           while(K2= = 0);        //等待按键松开
         halMcuWaitMs(10);
           txPacket.padding[0]= 2; //更新发送数据缓存
         basicRfSendPacket(RX_ADDR,(uint8*)&txPacket, PACKET_SIZE);
                               //无线发送函数
         halMcuWaitMs(300);
         }
     }
     }
```

注：basicRfSendPacket（RX_ADDR，（uint8＊）&txPacket，PACKET_SIZE）无线发送函数实参说明如下。

RX_ADDR：接收设备（即继电器功能板）的通信地址，注意不是本机地址。

（uint8＊）&txPacket：发送数据组，共4个数，见 per_test.h 头文件中的"perTestPacket_t"结构定义。

PACKET_SIZE：发送数据长度，见 per_test.h 头文件中的"perTestPacket_t"结构定义，为4。

2. 继电器功能板接收程序

```
//程序名:per_test.c
//功能:实现点对点通信
static void appReceiver()
```

```
{
    int16 rssi;
    uint8 RxStatus = 0;
    // 初始化射频
    basicRfConfig.myAddr = RX_ADDR;        //配置本机地址为 RX_ADDR
    if(basicRfInit(&basicRfConfig) == FAILED)
    {
      HAL_ASSERT(FALSE);
    }
    basicRfReceiveOn();                      //打开无线接收
      while(TRUE)
    {

      if(basicRfReceive((uint8* )&rxPacket, MAX_PAYLOAD_LENGTH, &rssi)> 0)
      //判断有无接收数据
      {
          if(rxPacket.padding[0] == 1)//接收指令为"1",分断继电器
          {
            RxStatus = 1;
            led1= 1;           //分断继电器指示灯亮
            fen= 1;            //分断继电器控制信号
            memset((uint8* )&rxPacket, 0, MAX_PAYLOAD_LENGTH);//接收缓存清零
            halMcuWaitMs(200);
            fen= 0;            //取消分断继电器控制信号,控制信号为脉冲信号
            halMcuWaitMs(10);
            led1= 0;                   //分断继电器指示灯灭

          }
            if(rxPacket.padding[0] == 2)//接收指令为"2",闭合继电器
          {
            RxStatus = 1;
            led2= 1;          //闭合继电器指示灯亮
            he= 1;            //闭合继电器控制信号
            memset((uint8* )&rxPacket, 0, MAX_PAYLOAD_LENGTH); //接收缓存清零
            halMcuWaitMs(200);
            he= 0;            //取消闭合继电器控制信号,控制信号为脉冲信号
            halMcuWaitMs(10);
            led2= 0;          //闭合继电器指示灯灭
            }
            while(RxStatus == 1)
            {
                halMcuWaitMs(50);
                RxStatus = 0;
            }
      }
        halMcuWaitMs(100);
```

```
    }
}
```

3. 主函数

```
void main(void)
{

    uint8 appMode;

    appState =  IDLE;
    appStarted =  FALSE;

    // RF 射频配置
    basicRfConfig.panId =  PAN_ID;
    basicRfConfig.ackRequest =  FALSE;

    // 板卡硬件初始化
    halBoardInit();

    // 初始化 RF 射频
    if(halRfInit()= = FAILED){
      HAL_ASSERT(FALSE);
    }

    halMcuWaitMs(350);
    // 设置通信信道,2.4GHz 的 zigbee 基于 IEEE802.15.4 标准,一共定义了 16 个信道
    //basicRfConfig. channel =  appSelectChannel();
    //此处可以通过配置按键来自己定义选择信道
    basicRfConfig. channel =  Channels[1]; //Channel 13, 2415MHz

# ifdef TX
    appTransmitter();          //调用发送函数
# else
    appReceiver();             //调用接收函数
# endif
    HAL_ASSERT(FALSE);
}
```

4. 发送数据格式

//发送缓存数组名称：txPacket. padding [n]，共四个字节。

表 8-4 发送数据格式

控制命令	x	x	x

从表 8-4 可知，发送的数据只有第一个字节用到，后三个字节暂时没用。

控制命令定义：0x01 分断继电器

0x02 闭合继电器

【任务拓展】

1. 要求改变控制命令格式：

0XA0 为分断继电器，0XB0 为闭合继电器。

2. 要求改变发送数据格式：

控制命令位于第二个字节。

【任务评估】

1. 掌握、分析点对点开发包个功能函数及变量定义。

2. 掌握无线通信数据格式的定义及应用。

项目九　无线通信网络工程实例

【项目概述】

　　本项目学习的主要内容是掌握 Zigbee 无线通信网络的工作原理和系统结构设计，学习点对多无线通信的程序流程，熟练按照功能的要求设计程序，掌握 CC2530 单片机内部各种功能模块应用技术。

【项目目标】

　　知识目标

　　1. 掌握 CC2530 的无线组网技术。

　　2. 掌握 CC2530 的程序开发技术。

　　3. 掌握 CC2530 的各种模块功能应用技术。

　　4. 掌握无线通信数据结构。

　　5. 掌握智能家居系统构成及软、硬件工作原理。

　　技能目标

　　1. 能够按照功能要求编制程序。

　　2. 能够完成各部分模块功能调试，掌握调试方法。

　　3. 能够搭建个域网系统并完成功能调试。

　　素质目标

　　1. 具备开阔、灵活的思维能力。

　　2. 具备积极、主动的探索精神。

　　3. 具备严谨、细致的工作态度。

▟ 任务　智能家居系统

【任务描述】

　　通过无线通信的方式组成个域网，搭建智能家居系统。功能要求：

　　1. 可通过电脑控制窗帘的关/开。

　　2. 可通过电脑控制空调的关/开。

　　3. 可通过电脑控制加湿器的关/开。

　　4. 可通过电脑控制燃气阀门的关/开。

5. 可通过电脑控制灯的关/开。

6. 白天窗帘自动打开，晚上自动关闭。

7. 房间湿度低于10％时自动打开加湿器，当房间湿度高于30％时自动关闭加湿器。

8. 当温度高于30℃时自动打开空调，温度低于22℃时自动关闭空调。

9. 当有煤气泄漏时自动关闭燃气阀门。

【计划与实施】

1. 完成网关模块程序编写、下载并调试。
   完成与电脑串口通信功能调试。

2. 完成输入模块程序编写、下载并调试。
   完成与网关无线通信功能调试。

3. 完成输入模块程序编写、下载并调试。
   完成与网关无线通信功能调试。

4. 完成智能家居系统整体功能调试。

【任务资讯】

一、智能家居系统设计

1. 系统设计原理

智能家居系统原理框图如图 9-1 所示。

可以看到，系统无线通信网络包括局域网和广域网两部分。局域网采用 Zigbee 技术，广域网通过移动通信网络技术。通过不同的输入模块、输出模块和控制器组合，构成一个完整的无线网络智能家居系统，并可通过手机终端进行远方遥感和遥控。

所有的控制核心均采用美国德州仪器公司的 CC2531 芯片，该芯片集成 51 单片机与无线射频系统，低功耗设计，外围电路少，应用方案成熟、简单，易于应用于教学。

说明：CC2531 单片机同 CC2530 单片机功能完全兼容。

2. 平台硬件设计

（1）输入、输出模块　输入、输出模块原理框图如图 9-2 所示。

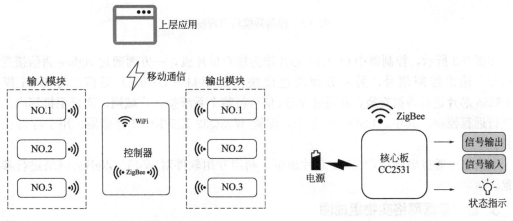

图 9-1　智能家居系统原理框图　　　　　　图 9-2　输入、输出模块原理框图

输入输出模块核心板均采用 CC2531 芯片，主频 32MHz，用于进行集中控制和基于 Zigbee 技术的无线通信；电源采用 USB 和电池双电源供电方式，USB 供电为了方便教学，而实际应用时用电池供电，电源输入电压为 5V，通过低压差芯片 XC6206P332MR 转换为 3.3V 电源电压为模块供电；状态指示方式因不同的输入模块而有所分别，包括 LED、数码管、OLED、蜂鸣器等指示方式。

输入模块实际上作为无线传感器来应用，将各终端信号、数据采集处理后通过 ZigBee 无线通信上传到控制器，各功能不同可分为以下几种。

① 输入模块 1。光敏电阻输入模块。

② 输入模块 2。温湿度输入模块，采用 SH10 传感器。

③ 输入模块 3。烟雾和煤气输入模块，采用 MQ-2 和 MQ-9 传感器。

输出模块实际上作为无线控制器来应用，由控制器将命令信号通过 ZigBee 无线通信下达到输出模块。通过功能不同可分为以下几种。

① 输出模块 1。继电器输出模块。继电器采用 HFE60 磁保持继电器，低功耗，可用于电池供电运行，模块内置 TP5410 升压芯片，保证 5V 磁保持继电器的可靠运行，该模块可作为控制窗帘的输出信号。

② 输出模块 2。继电器输出模块。作为控制空调的输出信号。

③ 输出模块 3。继电器输出模块。作为控制加湿器的输出信号。

④ 输出模块 4。继电器输出模块。作为控制燃气阀门输出信号。

⑤ 输出模块 5。继电器输出模块。作为控制灯开关的输出信号。

（2）控制器模块（网关板）

控制器模块原理框图如图 9-3 所示。

图 9-3   控制器模块原理框图

如图 9-3 所示，控制器中 CC2531 芯片作为核心单片机，一方面通过 zigbee 通信接受输入信号，输出控制信号，另一方面通过模块内部串口（UART）通信，与 WiFi 模块 ESP8266 芯片进行数据交换，并通过 WiFi 信号将整个系统接入广域网，通过手机等应用终端进行远程控制。其中，ESP8266 芯片，配置 W25Q32 EEPROM 存储器，用于存储设置参数。

电脑也可通过串口与 CC2531 芯片通信，利用专用软件对 WiFi、ZigBee 网络进行参数配置。

3. 智能家居网络实物组成图

智能家居网络实物组成见图 9-4。注意：这里暂不介绍手机 APP 的设计知识。

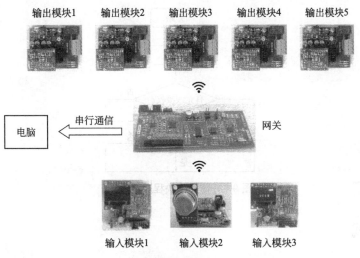

图 9-4　智能家居网络实物组成

二、智能家居程序流程图

1. 控制器模块程序流程图

控制器模块程序流程见图 9-5。

2. 输入模块程序流程图

输入模块程序流程见图 9-6。

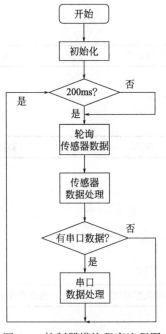

图 9-5　控制器模块程序流程图

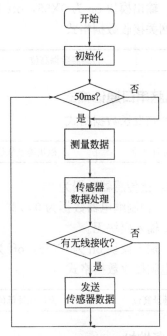

图 9-6　输入模块程序流程图

3. 输出模块程序流程图

输出模块程序流程见图 9-7。

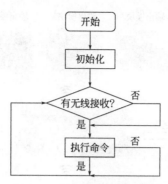

图 9-7 输出模块程序流程图

三、通信格式

1. ZIGBEE 通信格式

（1）网关发送数据格式

读/写	数据	X	X

说明：

读/写：读传感器数据为 01。

控制继电器数据为 0x0B。

数据：输入模块无。

输出模块 on 为 0X55，off 为 0XAA。

（2）网关接收数据格式

01	传感器数据高位	传感器数据低位	X

2. 电脑串口通信格式

（1）电脑发送数据格式

模块地址高位	模块地址低位	读/写	数据

读/写：读传感器数据为 01。

控制继电器数据为 0x0B。

数据：输入模块无。

输出模块 on 为 0X55，off 为 0XAA。

（2）电脑接收数据格式

模块地址高位	模块地址低位	传感器数据高位	传感器数据低位

3. 设备地址

输入模块 1：0XA501

输入模块 2：0XA502

输入模块 3：0XA503

输出模块 1：0XB901

输出模块 2：0XB902

输出模块 3：0XB903

输出模块 4：0XB904

输出模块 5：0XB905

个域网识别码（PAN _ ID）：0XAA55

【任务评估】

1. 掌握通信数据格式的结构设计及应用。

2. 掌握 CC2530 单片机无线电模块应用设计。

3. 掌握 CC2530 单片机点对多无线通信原理及应用。

4. 掌握 CC2530 单片机定时器应用设计方法。

5. 掌握 CC2530 单片机 ADC 模块应用设计方法。

6. 掌握 CC2530 单片机 I/O 模块应用设计方法。

7. 掌握 CC2530 单片机串口模块应用设计方法。

8. 掌握智能家居系统设计思路及原理。

小制作 6　网关功能板

【任务描述】

完成网关功能板的焊接及调试，实物见图 Z6-1。

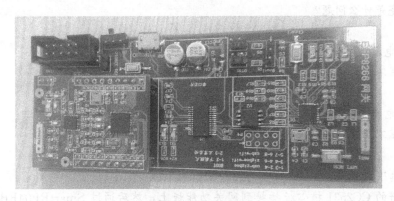

图 Z6-1　网关功能板

【计划与实施】

1. 仪器、工具及辅料（焊锡）准备及查验。

仪器：数字万用表、数字示波器、恒温焊台、直流稳压电源。

工具：斜口钳、尖嘴钳、镊子。

2. 各组根据附录 C 附图 C-6 网关功能板原理图填写材料清单，并依据材料清单领取原材料。

3. 完成网关功能板焊接。

4. 完成网关功能板调试。

（1）观察。观察电路板有无连焊、虚焊、漏焊和错件，安装方向是否正确？

观察结果：

（2）不带电测量电源是否短路？
测试方法：将数字万用表旋至通断挡，分别测试 C10、C11 两端的阻值。
测试结果：

如果短路，问题是：

（3）测量发光二极管方向是否正确，好坏？
测试方法：将数字万用表旋至通断挡，分别测试 LED 两端。用红表笔接至 LED 无白色丝印一端，黑表笔接至另一端，正常 LED 应亮。
测试结果：

如果有不亮的 LED，原因是：

（4）带电测量电源电压？
测试方法：加 USB 供电电源。
测试结果：

① 电源指示发光二极管 D15 是否亮：
如果不亮是什么问题？

② 测量电源 VDD 电压：　　V　（正常电压 5V 左右）
如果电压不正常是什么问题？

③ 测量电源 VCC 电压：　　V　（正常电压 3.3V 左右）
如果电压不正常是什么问题？

（5）仿真下载测试。
将调试好的 CC2531 核心板插接到网关功能板上，然后通过 SmartRF04EB 仿真器与电脑连接，用 IAR 在线仿真系统进行程序下载测试。
测试结果：

如果无法下载，原因是：

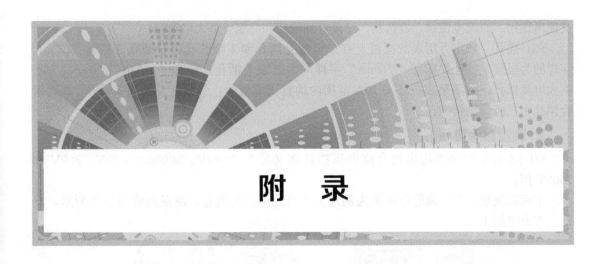

附　录

附录 A　数字万用表的使用

数字万用表与指针万用表相比,具有测量准确度高、测量速度快、输入阻抗大、过载能力强和功能多等优点,所以它与指针万用表一样,在电子技术测量方面得到了广泛的应用。数字万用表的种类很多,但使用方法基本相同,下面以使用较广泛且价格便宜的 DT-830B 型数字万用表为例来说明数字万用表的使用方法。

1. 面板介绍

数字万用表的面板上主要有液晶显示屏、挡位选择开关和各种插孔。DT-830B 型数字万用表面板如附图 A-1 所示。

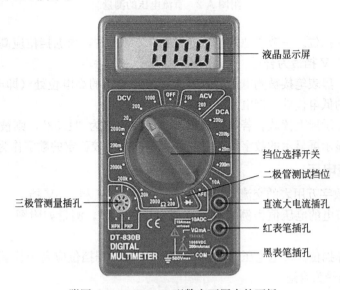

附图 A-1　DT-830B 型数字万用表的面板

（1）液晶显示屏　液晶显示屏用来显示被测量的数值,它可以显示 4 位数字,但最高位只能显示到 1,其他位可显示 0～9。

（2）挡位选择开关　挡位选择开关的功能是选择不同的测量挡位,它包括直流电压挡、交流电压挡、直流电流挡、欧姆挡、二极管测量挡和三极管放大倍数挡。

（3）插孔　数字万用表的面板上有 3 个独立插孔和 1 个 6 孔组合插孔。标有"COM"字样的为黑表笔插孔；标有"VΩmA"字样的为红表笔插孔；标有"10ADC"字样的为直流大电流插孔，在测量 200mA～10A 范围内的直流电流时，红表笔要插入该插孔。6 孔组合插孔为三极管测量插孔。

2. 测量直流电压

DT-830B 型数字万用表的直流电压挡具体又分为 200mV、2000mV、20V、200V 和1000V 挡。

下面以测量一节电池的电压值为例来说明直流电压的测量，测量如附图 A-2 所示，具体过程说明如下。

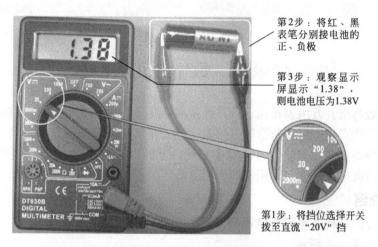

第2步：将红、黑表笔分别接电池的正、负极

第3步：观察显示屏显示"1.38"，则电池电压为1.38V

第1步：将挡位选择开关拨至直流"20V"挡

附图 A-2　直流电压的测量

第 1 步：选择挡位。一节电池的电压通常在 1.5V 左右，根据挡位应高于且最接近被测电压原则，选择 20V 挡最为合适。

第 2 步：红、黑表笔接被测电压。红表笔接被测电压的高电位处（即电池的正极），黑表笔接被测电压的低电位处（即电池的负极）。

第 3 步：在显示屏上读数。若观察显示屏显示的数值为"1.52"，则被测电池的直流电压为 1.52V。若显示屏显示的数字不断变化，可选择其中较稳定的数字作为测量值。

3. 测量交流电压

DT-830B 型数字万用表的交流电压挡具体又分为 200V 和 750V 挡。

下面以测量市电的电压值为例来说明交流电压的测量，测量如附图 A-3 所示，具体过程如下。

第 1 步：选择挡位。市电电压通常在 220V 左右，根据挡位应高于且最接近被测电压原则，选择 750V 挡最为合适。

第 2 步：红、黑表笔接被测电压。由于交流电压无正、负极之分，故红、黑表笔可随意分别插入市电插座的两个插孔中。

第 3 步：在显示屏上读数。若观察显示屏显示的数值为"242"，则市电的电压值为 242V。

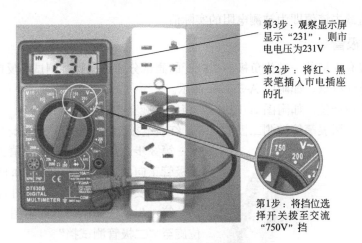

第3步：观察显示屏显示"231"，则市电电压为231V

第2步：将红、黑表笔插入市电插座的孔

第1步：将挡位选择开关拨至交流"750V"挡

附图 A-3　交流电压的测量

4. 测量电阻

万用表测电阻时采用欧姆挡，DT-830B 型万用表的欧姆挡具体又分为 200Ω、2000Ω、20kΩ、200kΩ 和 2000kΩ 挡。

下面以测量一个电阻的阻值为例来说明欧姆挡的使用，测量如附图 A-4 所示，具体过程说明如下。

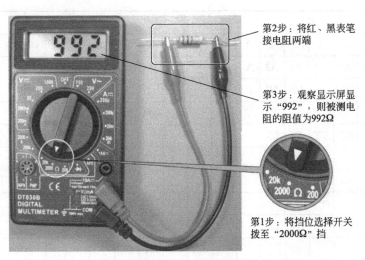

第2步：将红、黑表笔接电阻两端

第3步：观察显示屏显示"992"，则被测电阻的阻值为992Ω

第1步：将挡位选择开关拨至"2000Ω"挡

附图 A-4　电阻的测量

第1步：选择挡位。估计被测电阻的阻值不会大于 2kΩ，根据挡位应高于且最接近被测电阻的阻值原则，选择 2000Ω 挡最为合适。若无法估计电阻的大致阻值，可先用最高挡测量，若发现偏小，再根据显示的阻值更换合适的低挡位重新测量。

第2步：红、黑表笔接被测电阻两端。

第3步：在显示屏上读数。若观察显示屏显示的数值为"1510"，则被测电阻的阻值为 1510Ω。

注意：数字万用表在使用低欧姆挡（200Ω 挡）测量时，将两根表笔短接，会发现显示屏显示的阻值通常不为"0"，一般在零点几欧至几欧之间，性能好的数字万用表该值很小。由于数字万用表无法进行欧姆校零，如果对测量准确度要求很高，可先记下表笔短接时的阻值，再将测量值减去该值即为被测电阻的实际值。

5. 测量二极管

二极管一般有标记的一端为负极。二极管的测试分为正向特性测试和反向特性测试。

（1）正向特性测试，如附图 A-5（a）所示。

第 1 步：选择挡位。如附图 A-1 所示，将挡位旋至"二极管测试挡"。

第 2 步：红、黑表笔接被测二极管两端，红表笔接二极管没有白色标记的一端（正极）。

第 3 步：观察显示屏的数值为"562"，表示二极管正向导通，导通电压为 0.562V。

（2）反向特性测试，如附图 A-5（b）所示。

第 1 步：选择挡位。如附图 A-1 所示，将挡位旋至"二极管测试挡"。

第 2 步：红、黑表笔接被测二极管两端，红表笔接二极管有白色标记的一端（负极）。

第 3 步：观察显示屏的数值为"1"，表示二极管反向截止，相当于断路。

（a）正向特性　　　（b）反向特性

附图 A-5　二极管测试

附录 B　CC2530 单片机 I/O 口的外设功能一览表

外设/功能	P0								P1								P2				
	7	6	5	4	3	2	1	0	7	6	5	4	3	2	1	0	4	3	2	1	0
ADC	A7	A6	A5	A4	A3	A2	A1	A0													T
USART0 SPI			C	SS	M0	MI															
Alt. 2											M0	MI	C	SS							
USART0 UART			RT	CT	TX	RX															
Alt. 2											TX	RX	RT	CT							
USART1 SPI			M1	M0	C	SS															
Alt. 2									M1	M0	C	SS									
USART1 UART			RX	TX	RT	CT															
Alt. 2									RX	TX	RT	CT									
TIMER1		4	3	2	1	0															
Alt. 2	3	4												0	1	2					
TIMER3												1	0								
Alt. 2										1	0										
TIMER4														1	0						
Alt. 2																		1			0
32kHz XOSC																	Q1	Q2			
DEBUG																			DC	DD	

附录 C 原理图

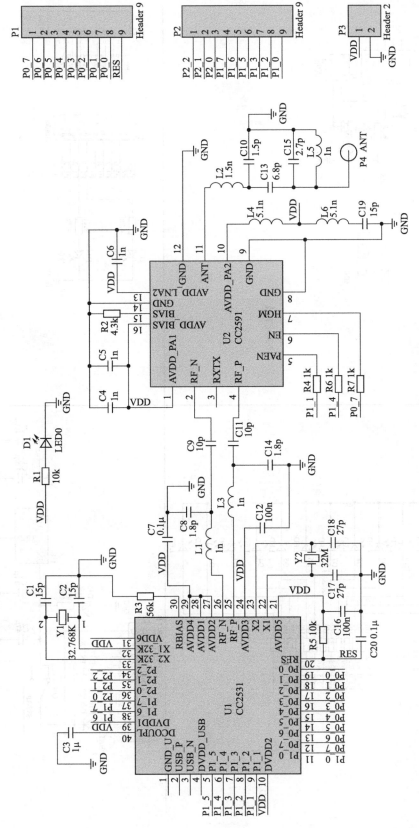

附图 C-1 CC2530 核心板原理图

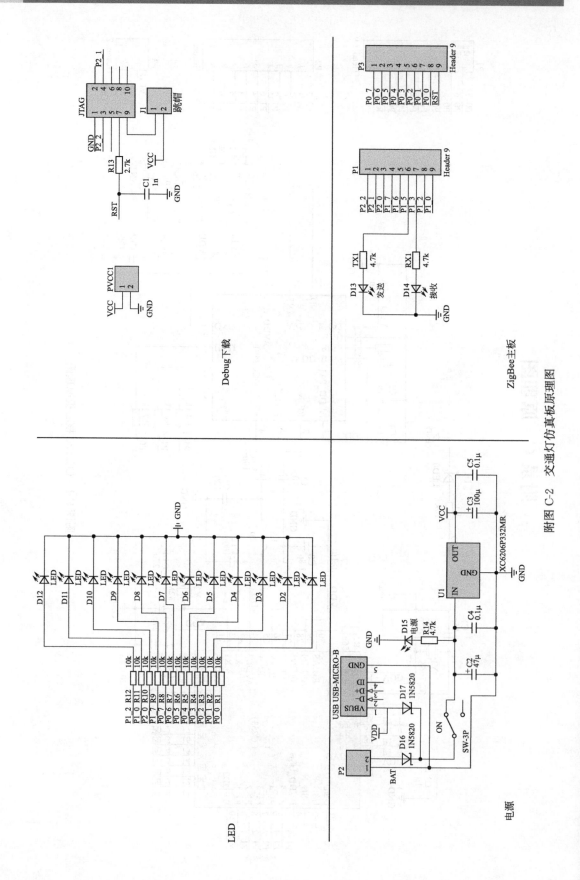

附图 C-2　交通灯仿真板原理图

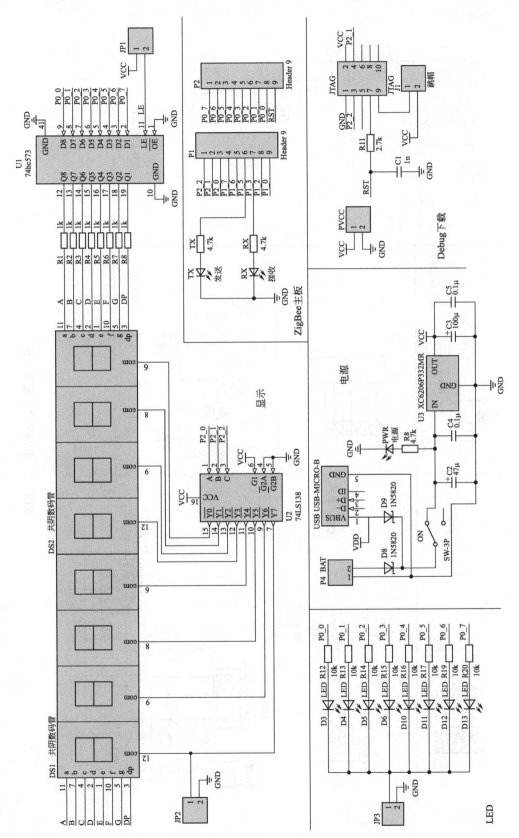

附图 C-3　显示功能板原理图

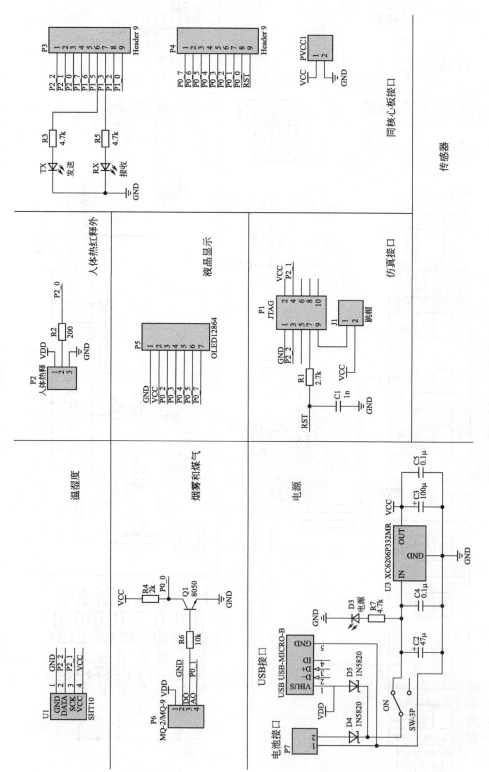

附图 C-4　传感器功能板原理图

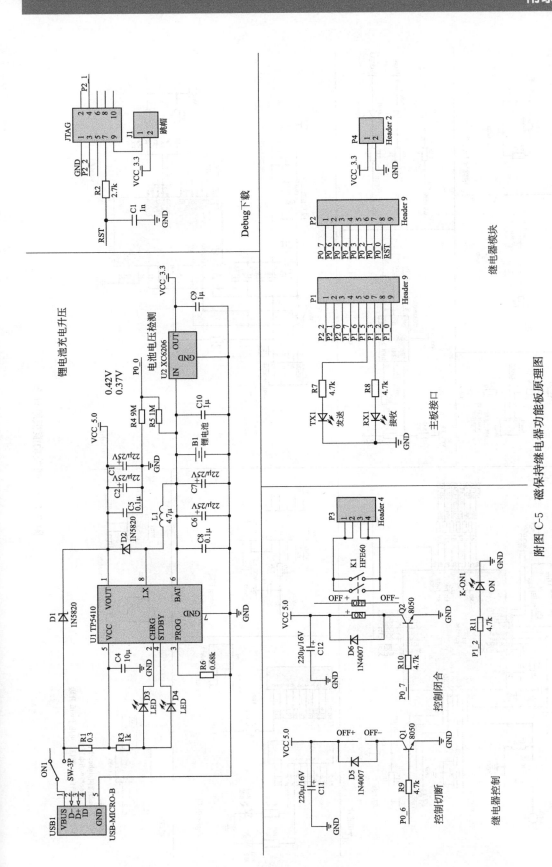

附图 C-5 磁保持继电器功能板原理图

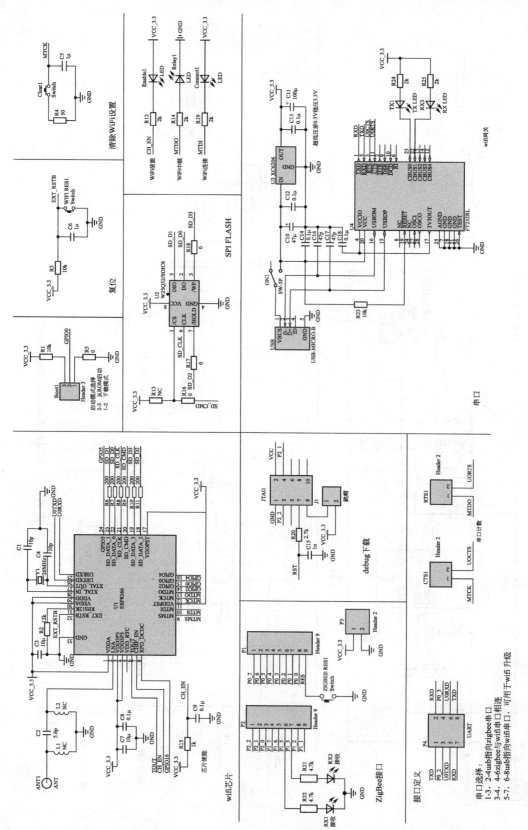

附图 C-6 网关功能板原理图

参 考 文 献

[1] 刘全忠. 电子技术. 北京：高等教育出版社,1999.
[2] 范志忠等. 实用数字电子技术. 北京：电子工业出版社,1998.
[3] 谭浩强. C程序设计. 北京：清华大学出版社,1999.
[4] 何桥. 单片机原理及应用. 北京：中国铁道出版社,2004.
[5] 李建忠. 单片机原理及应用. 西安：西安电子科技大学出版社,2002.
[6] 陈静. 单片机应用技术项目化教程. 北京：化学工业出版社,2014.

参考文献